"十二五"国家重点图书

市政与环境工程系列研究生教材

输水管道中淡水壳菜
控制理论研究

刘冬梅　著

崔福义　主审

U0341292

哈尔滨工业大学出版社

内容简介

在我国南方地区,淡水壳菜导致了严重的输水管道污损,本专著针对这一问题展开探讨,内容主要包括我国生物污损现状分析、淡水壳菜的生物学特性和危害特性、氧化剂杀灭淡水壳菜的效果、水流冲刷和氧化剂协同作用去除、长距离输送管道中淡水壳菜的控制措施和实际工程运用,分析了技术方案和经济效益,提出了综合控制措施。

本书对水中淡水壳菜的生物污染控制的原理、发展、应用和问题给予了系统介绍,可作为市政工程、环境工程、环境科学等学科本科生、研究生的专业授课用书和参考用书,也可为从事水处理科学研究、环境保护和行政管理等部门工作及相关工程设计人员提供理论基础和技术指导。

图书在版编目(CIP)数据

输水管道中淡水壳菜控制理论研究/刘冬梅著. —哈尔滨:
哈尔滨工业大学出版社,2014.2
ISBN 978 - 7 - 5603 - 4521 - 5

Ⅰ.① 输⋯ Ⅱ.①刘⋯ Ⅲ.①输水管道 – 附着生物防治 – 高等学校 – 教材 Ⅳ.①Q179.5

中国版本图书馆 CIP 数据核字(2013)第 300236 号

策划编辑 贾学斌
责任编辑 苗金英
出版发行 哈尔滨工业大学出版社
社　　址 哈尔滨市南岗区复华四道街 10 号　邮编 150006
传　　真 0451 - 86414749
网　　址 http://hitpress.hit.edu.cn
印　　刷 哈尔滨工业大学印刷厂
开　　本 787mm×960mm 1/16 印张 12.25 字数 150 千字
版　　次 2014 年 2 月第 1 版 2014 年 2 月第 1 次印刷
书　　号 ISBN 978 - 7 - 5603 - 4521 - 5
定　　价 38.00 元

前　言

　　饮用水处理是生态文明建设的重要组成部分,水质生物处理理论与技术中的水生生物污染控制问题已成为保证饮用水安全的热点问题之一。

　　近几年来,随着城市供水水源短缺的情况不断出现,很多城市不得不采用长距离输水的方式从水质较好的水源地取水使用。而附着型生物淡水壳菜在我国南部地区的江河中广泛存在,当它随着水流进入输水管道后就会依附在管壁上并且大量繁殖,长期下去便会造成水质恶化和增大输水阻力,甚至堵塞管道。

　　在水生生物污染控制方面,我国目前已经具备了一定的技术基础,但针对输水管道中淡水壳菜的控制,还没有出版相关的书籍进行系统的介绍,这对渴望了解该领域的科研人员造成了极大的不便。因此迫切需要出版一部系统阐述输水管道中淡水壳菜控制理论的专业著作,这对于推动我国饮用水安全领域基础研究和技术应用具有重要的意义。

　　本书相关课题研究来源于国家"十一五"水体污染控制与治理科技重大专项"珠江下游地区饮用水安全保障技术集成与综合示范",并得到了城市水资源与水环境国家重点实验室自主课题(2014TS02)(哈尔滨工业大学)资助,在此表示感谢。

　　本书除介绍了生物污损现状、淡水壳菜的生物学特性、在输水

I

工程中的危害特性和杀灭淡水壳菜的传统方法外,还结合实验和工程经验,提出了氧化剂联用技术、氧化剂与水利冲刷联用技术杀灭淡水壳菜的方法,这对于输水工程中淡水壳菜的控制具有较重要的实际意义。

除了著作人刘冬梅,参与本书内容研究和撰写的还有王睿、洪洁、唐欢、贾学斌、张敏,感谢大家付出的努力。还要感谢哈尔滨工业大学李圭白院士、崔福义教授的悉心指导,感谢广州自来水公司、南洲水厂、广东省建筑设计研究院等各相关人员在科研方面给予的大力支持。

本专著可作为市政工程、环境工程、环境科学等学科研究生的专业授课用书和参考用书,也可为从事水处理科学研究、环境保护和行政管理等部门工作及相关工程设计人员提供理论基础和技术指导。

由于时间紧迫,作者水平有限,书中不妥之处在所难免,敬请专业学者、广大师生和读者批评指正。

作　者
2013 年 12 月

目　录

第1章　疏水工程的生物污损

随着经济的飞速发展和人口压力的剧增，当前世界水资源问题已达到空前严峻的地步。我国水资源分布不均，局部地区水体污染严重，导致部分地区资源型缺水、工程型缺水和水质型缺水并存。为使日常生活、工业发展及城市建设正常进行，各种取水输水工程也应运而生。为缓解水资源分布不均和城镇、农村生活、工业、农业及景观用水压力，建设长距离、跨流域输水工程成为水资源优化配置的重要选择。为了减少水资源调运过程中的流失和污染，管道、箱涵、隧洞、泵站等输水通道及结构在输水工程中广泛使用。然而，这些输水工程，尤其是跨流域调水工程，在调解水资源时空分布不均的同时，还可能引起不同流域间物种随水流输入到其他流域，导致物种入侵，给原生生态系统带来广泛、剧烈持续的生态压力。而且，原本在自然水体的平衡的生态系统中和谐生活的物种也随水流侵入到输水通道中生活，甚至引起"生物污损"问题。

1.1　生物污损的概念

"生物污损"是指大量附着型生物入侵到输水构筑物及相关生产设备中附着,密度高达 10 000～100 000 个/m²,对结构表面产生污损,腐蚀结构,甚至堵塞管道,影响工程的正常运行。

污损生物过去也称周丛生物、固着生物或附着生物,是指附着在船底、浮标和一切人工设施上的动物、植物和微生物的总称。污损生物是包括以固着生物为主体的复杂群落,其种类繁多,包括细菌、附着硅藻和许多大型的藻类以及自原生动物至脊椎动物的多种门类。

1.2　典型污损生物的附着机理

生物污损可分为两类:一类是由贻贝、藤壶和水螅虫等大型生物引起的管道系统和排水渠的阻塞;另一类是由细菌和真菌等微生物生长形成的生物膜[1]。两类生物污损相互联系,生物膜是大型生物附着的基础[2],两者都可导致热传导和输送效率降低,给企业运行带来不良影响。

生物污损过程大致分为 4 个阶段:第一个阶段是蛋白质、多糖等可溶性有机碳在材料表面吸附形成条件膜;第二个阶段是细菌等原核微生物的附着和生物膜的形成;第三个阶段是真菌、藻类等生物的附着；最后是大型污损生物藤壶、牡蛎、贻贝等的附着。诸多研究结果表明，生物污损发展的前一阶段对后续阶段生物的附着有重要影响：条件膜的形成不仅改变材料表面的物理化学性质，也影响后期细菌、微藻等的附着[3-5]；生物膜在材料表面的形成情况及性质决定了后续大型生物的附着情况[6-9]。若前期生物膜演替过程被阻止，则后续大型生物，特别是硬壳生物的附着将被阻止，因此对材料表面初期微生物污损进行防控不仅能够避免生物膜带来的危害，而且能够防止大型污损生物的附着。

1.2.1　细菌

生物膜是细菌生长过程中为适应生存环境而在固体表面上生长的一种与浮游状态相对应的存在形式。生物膜广泛分布于水环境中，它的形成经历了 3 个阶段：首先是细菌通过疏水性作用、静电作用等在材料表面形成初始附着；随后细菌通过其表面的蛋白样成分与材料表面的受体形成特异性的吸附；最后细菌与细菌之间相互聚集，形成生物膜。生物膜中 97% 以上的含量是水，除了水和细菌外，生物膜中还包括胞外多聚物、吸附的营养物质及细菌裂解产物等，因此生物膜中存在各种主要的生物大分子，如蛋白质、多糖、DNA、RNA、肽聚糖、磷脂等物质[10]。细菌浓度、菌龄、表面鞭毛、菌毛等附加结构、环境温度、流体力学、营养物种类与浓度、材料表面的物理化学性质等都影响细菌生物膜的形成。

1.2.2　微藻

海洋微藻具有种类多、数量大的特点，其中底栖硅藻是一种典型的污损微藻。硅藻的附着过程包括到达表面后的随机着陆、初始附着、滑行及永久附着 4 个步骤。

1.2.3　大型污损生物

大型污损生物主要包括藤壶、贻贝和巨型海藻等，它们在附着过程中具有相似性，都是以浮游阶段的孢子或幼虫形式附着在材料表面，然后发育成熟为产生严重危害的污损生物。藤壶是常见的甲壳类动物，也是主要的污损生物。藤壶在整个生命周期中经历了营浮游生活的无节幼虫期和腺介幼虫期及固着生活时期。藤壶在腺介虫幼虫期寻找合适的基底材料附着、变态，在这一过程中向体外分泌胶质。藤壶分泌的初生胶是透明的、无黏性流体，在 6 h 内通过键合作用逐渐聚合成不透明的"橡胶块"。在形成稳定的化学键前，胶质借助于表面细微结构，吸收或排水以利于对基材的成功黏结与材料表面形成联膜。胶质与基材的实际黏结有时间依赖性，随着时间的增长，黏结力有一个渐近增长过程。[11]贻贝也是沿岸和近海中较普遍的一种生物，在分类地位上属于软体动物门，瓣鳃纲。贻贝的足丝腺能分泌足丝使其附着在材料表面。足丝由胶原腺和辅助腺分泌的蛋白质类物质组成。蛋白质主要为多酚蛋白质。富含赖氨酸的多酚蛋白质与黏液腺分泌的富含硫酸盐的黏多糖能在基材表面置换水。试验表明，贻贝的实际黏结聚合物是多酚蛋白。足丝的产生受温度、盐度、流速和贻贝的年龄等因素的影响。大型污损生物在材料表面的附着受材料表面微观结构、光照情况、流体动力学和基底材料性质影响，同时也受材料表面生物膜的影响。一些种类的海洋细菌可以促进大型生物的附着，另外一些菌种则对相同的海洋生物附着有抑制作用。生物膜的这种作用在藤壶、多毛环虫、贻贝、扇贝、苔藓虫、海星、海鞘、鲍鱼、海参、孔石莼中都有发现。生物膜对大型污损生物的附着可解释为生物膜中的微生物产生了对大型海洋生物附着不利的代谢产物。

1.3　生物污损现状

1.3.1　海洋生物污损

海洋污损生物又称海洋附着生物，是生长在海洋水下设施表面和船底的动物、植物和微生物的总称，生物污损是人类开始从事海洋开发就遇到的生物危害。Horne[12]曾说："自古以来，海洋生物的污损比起腐蚀来是个更为麻烦的问题，污损生物生命力之坚韧，将使污损问题成为人类征服海洋的一个难以逾越的障碍。"

以海水替代淡水作为工业用水，是解决沿海城市和地区淡水资源贫乏的重要途径，然而贻贝、藤壶等生物的幼虫会在海水管道系统内壁上附着生长，[13]引发生物污损危害，可引起舰船表面粗糙度增加、自重增大、航行阻力增大、航速减慢、燃料消耗增多，造成舰船进坞维修频率增多，严重影响舰船在航率和使用寿命，污损生物还会阻塞海水管道、干扰声呐信号、造成材料结构损坏，严重影响舰船战斗力的发挥。其中危害较大的种类主要是硬性污损生物，即营固着生活、具有石灰质外壳或骨架的种类，包括双壳类软体动物、无柄蔓足类和苔藓虫。[14,15]目前全球已知的大型污损生物共有4 000多种，我国海域的污损生物有600多种，其中主要包括海藻、藤壶、苔藓虫、海绵、水螅等。大部分附着在船舶的水下部位、水线区、螺旋桨和海水管系等污损生物主要是来自邻近海域和当地的底栖或浮游种类，本底挂板调查是研究其群落演替变化规律的有效途径[16]。

海水管道系统内大型污损生物主要为双壳类，其次为无柄蔓足类、管栖多毛类和水螅；苔藓虫仅出现在有光线的部位[17]。栖息附着在海水管道内壁的污损生物主要为滤食性的双壳类，其中紫贻贝多在北半球温带海域产生严重危害[18]，而在热带海区则以翡翠贻贝为优势种；另外，还会有牡蛎和偏顶蛤等种类出现。无柄蔓足类主要为钟巨藤壶、致密藤壶、象牙藤壶、尖吻藤壶、缺刻藤壶等种类；管栖多毛类通常是龙介虫[19]，华美盘管虫仅在某些海域作为常见的污损生物出现[20]。腔肠动物主要是筒螅、薮枝螅及长钟螅，具体种类与所处地理位置有关。尽管苔藓虫种类繁多，分布广泛，但在海水管道系统中仅在进水口和滤水池等有光照的部位可见其附着。控制海水流速及采用热处理、电解和投加化学药剂等方法均能有效阻止污损生物的附着，但耗电量大，营运成本高，设备改造困难，并存在环境污染的潜在风险。热带海洋环境中生物种类繁多，生存竞争激烈，任何大型动、植物都是污损生物的潜在附着对象。然而，许多生物凭借自身独特的自我保护机制保持体表洁净。

开发海洋石油所建造的石油平台在下海后很快就会附着上大量的海洋生物，生物的附着、生长增加了导管架平台桩腿的体积和粗糙度,加大其外荷载,特别是风暴期间可能使平台发生倾斜或倒塌,造成重大损失。另外,生物的附着增加了平台的自重并提高了平台的重心,当地震、海啸时危险性更大。为使海上石油平台的设计更加合理、安全,需要掌握平台设置海域附着生物的种类组成、群落的生态特点、优势种、附着量、附着厚度和样品比重等有关生物参数[21]。

海水中的附着生物也会对贝类养殖造成不良影响[22]。浅海筏式吊笼或吊绳养殖是目前被广泛采用的贝类集约化养殖方式。近年来,随着养殖品种和养殖器材的增多,浮漂、浮梗、吊绳、网笼等筏式养殖器材给附着生物的蔓延提供了良好的附着基质和生活条件,滤食性附着生物的栖身之地也随之增加,这些滤食性生物,如海鞘、贻贝等,除了与养殖贝类争夺附着基和饵料外,还会堵塞养殖网具的网孔,影响网笼内外的水体交换,妨碍养殖对象的生长发育,降低水产品的品质[23]。国内外许多学者曾报道,附着生物对贝类养殖的危害是造成贝体生长不良和死亡的重要原因之一[24,25]。附着生物的大量附着会造成网孔堵塞,水流不畅,养殖网具的阻力增加,重量加大,使得网笼在自然海区中受到水流的冲击增大,造成漂移和磨损,大大影响网笼的使用寿命,再加上附着生物本身生命活动对网线的侵蚀作用及人们在清理附着生物操作过程中对网具的物理损伤,也会缩短网笼的使用寿命[26]。养殖在网笼里的贝类主要是靠摄取水交换带来的食物,而养殖器材上的附着生物会堵塞养殖笼目,致使笼内外水交换量减少,在网笼内部就形成了一个相对封闭的环境,使外界饵料供应受阻。此外,养殖贝类的新陈代谢产物不能及时排出笼外,导致养殖笼内小环境恶化，促使有害病原菌的滋生，从而导致疾病的爆发[27]。同时，笼内养殖种类排出的大量代谢废物和有机碎屑为笼外的附着生物提供了丰富的食物，养殖网笼本身也构成了一个有利于附着生物生长的小生态环境。在贝类的筏式养殖生产中，目前还没有经济高效的防附着方法。

随着保护海洋环境、维护海洋生态平衡的呼声高涨，研究环境友好型防污方法是未来海洋防污的主导方向，生物生态防污方法必将成为新的防污方法的突破口。

1.3.2　输水工程生物污损

国内外输水工程中生物污损的问题比较普遍，例如北美地区由入侵性底栖动物斑马纹贻贝引起了严重的生物污损，我国南方地区生长的贻贝科物种淡水壳菜也造成了输水管道中的生物污损，如武钢冷却水管道被层层附着的淡水壳菜堵塞，从东江向香港供水的粤港供水工程以及向深圳供水的东江水源工程都遭受到淡水壳菜入侵的困扰，如图 1.1 所示是输水工程中附着的淡水壳菜，根据采样分析，输水管涵内水生生物主要为淡水壳菜（俗称沼蛤，别名"死不了"或"死不丢"）、河蚬、囊螺 3 种，其中最普遍并大量附着在管壁上生长的为淡水壳菜，隧洞、箱涵底部等附着的为少量的河蚬、囊螺等。由于淡水壳菜是特有的淡水种贝类，在南方温暖湿润的环境中，繁殖速度和数量惊人，同时它的群栖特性和分泌物对混凝土输水管涵有一定的侵蚀危害及淤积影响。

我国水资源贫乏，且在时间与空间的分布上又极不均匀，西北、华北、东北的"三北"地区水资源尤其短缺。改革开放以来，由于我国经济迅速发展,人民生活水平有了较大的提高,城市的工业用水与生活用水量也随之增加,另外经济建设发展的同时,又忽略了环境的保护与治理,造成了水资源的污染,因此我国的"三北"地区和东南沿海的一些省市有的因为本地区的水资源不足,有的因为本地区的水源已被污染,不能作为城市供水的水源,因此不得不跨流域、跨地区进行长距离引水。这些供水管线大多受到了淡水壳菜入侵及生物污损的危害,例如东江水源工程、龙茜供水工程、东湖水厂、梅林水厂、粤港供水管线等的管道、箱涵、隧洞等结构壁面上都被大量淡水壳菜附着,形成严重的生物污损[28-31]。近年来,南美的许多输水工程中又陆续报道了淡水壳菜在输水管道壁面及接缝、闸阀等重要结构上附着,甚至引起安全事故[32]。

图 1.1　滤网及闸门壁面上附着的淡水壳菜

叶宝民等[33]基于深圳市东江水源工程,利用工程停水检修期,对工程全线中淡水壳菜的附着情况进行了调查,基于调查结果,探究了淡水壳菜入侵输水管道的特征和规律。2010 年 10 ~ 11 月停水检修期间,自东江泵站取水口的引水隧洞至末端的铁岗水库沿线选择代表性附着断面进行观测,淡水壳菜附着密度变化大的地段加密,密度变化小的地段则放稀,总体上能反映控制线路中淡水壳菜的密度及分布情况。在每个观测点均进行淡水壳菜聚团取样,根据取样点处淡水壳菜附着疏密程度确定各样方采样面积,并做好记录。在采样的同时,测量样方处淡水壳菜附着造成的管壁的腐蚀坑深度。同时测量各断面与取水口之间的距离,调查断面处工作压力及平均流速。采样完成后,将各样方内的全部样本带回实验室计数,统计各个断面处淡水壳菜的附着密度。分析了影响淡水壳菜附着的因素,淡水壳菜入侵输水管道的特征和规律,以及淡水壳菜造成的生物污损对管壁的腐蚀程度。

淡水壳菜对水利工程输水通道的入侵,造成工程结构上发生严重的生物污损问题,给工程带来巨大危害。在输水管道、箱涵、隧洞,水电厂冷却管道,原水处理厂生物膜,水泵、闸门等人工系统中,水流条件适宜,食物丰富,又缺乏淡水壳菜的天敌,因此,淡水壳菜极易层层叠叠高密度附着,附着厚度可达数十厘米,引起如下各种问题:

(1)输水管道中的淡水壳菜生物污损会导致管道断面面积减小,甚至堵塞。

(2)淡水壳菜在管壁的附着造成管壁糙率增加,输水效率降低,对工程供水造成影响。

(3)淡水壳菜在具混凝土结构面的管道或结构上的附着还会引起壁面腐蚀,造成混凝土保护层的脱落,对混凝土结构强度、耐久性产生危害。

(4)淡水壳菜的呼吸作用会消耗水中的溶解氧,导致溶解氧降低,其呼吸代谢过程会排泄氨氮等化学物质,容易引起水质污染,同时,淡水壳菜死亡后的腐烂变质会产生刺激性气味,其他腐生物也会恶化供水水质。

（5）淡水壳菜的污损为真菌和细菌的生长提供了良好的环境，尤其是输水通道壁面上大量附着的沼蛤聚团死亡后，其上会发育大量的霉菌，可能对供水水质产生危害。

（6）其他生产系统，如滤网、生物膜、冷却器、水泵、闸门等结构设备中的大量沼蛤生物污损，容易造成设备堵塞，金属结构腐蚀，过滤设备坏死，闸、阀门难以启闭等危害，直接影响生产，带来巨大的安全隐患和经济损失。

总之，淡水壳菜对水利工程的输水通道、结构等的入侵及生物污损问题在国内外广泛存在，对人类生产生活造成了严重的经济、社会和环境损失，已成为世界性问题，淡水壳菜对输水通道的入侵及污损的防治十分紧迫。已遭受淡水壳菜入侵的输水管线、生产系统迫切需要寻找合理有效的措施来控制入侵和清除已附着的淡水壳菜。而处于潜在威胁中的跨流域调水工程也急需有效的预防措施来保证供水安全，防止将这种入侵物种通过输水工程引入到新的水域中，造成生态问题。

目前我国南水北调东线和中线工程通水在即，对该物种入侵特性及其防治措施的研究，不仅关系到工程运行安全，而且关系到受水区生态系统的健康发展。因此淡水壳菜的控制逐渐成为人们关注的问题。

第 2 章　淡水壳菜的生物学特性及环境条件的影响

2.1　淡水壳菜的行为及生长特性

2.1.1　淡水壳菜的形态特征

淡水壳菜属于软体动物门,双壳纲,贻贝科,贝壳小型,壳质薄,外形侧面观似三角形或弯月形(图 2.1),具有能够开闭的双壳。壳顶位于壳的前端,背缘弯曲,与后缘连成大弧形,腹缘平直,在足丝处内陷,由壳顶向后的部分壳面极凸出,形成一条龙骨。壳面棕褐色、黄绿色或深棕色,壳顶至两侧龙骨凸起间呈黄褐色,壳顶后补呈棕褐色(图 2.2)。贝壳内面,自壳顶斜向腹缘末端呈紫罗兰色,其他部分呈淡蓝色,有光泽。无铰合齿,无隔板。前闭壳肌退化,后闭壳肌和足丝收缩肌发达。足小,棒状。足丝发达。随着体长的增加,壳的颜色逐渐加深,幼贝颜色较浅,呈浅绿色,成体一般呈暗绿色,对于壳较长的,尺寸通常在 25 mm 以上(图 2.3)。

　　成体淡水壳菜通常黏附在一起,通过足丝紧密相连,层层堆叠,表面黏附着许多杂质,即使部分个体死亡,仍不脱落。脱落时会成团脱落,团状长度可达 15 cm,如图 2.4 所示。

　　图 2.1　淡水壳菜形态

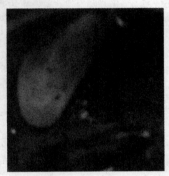
　　图 2.2　淡水壳菜颜色

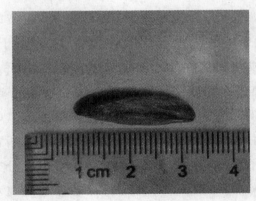
图 2.3　淡水壳菜尺寸

图 2.4 团状淡水壳菜

淡水壳菜的生长过程主要经历担轮幼虫、面盘幼虫、稚贝、成贝 4 个时期。

（1）担轮幼虫：早期担轮幼虫出现在受精后 9 ~ 10 h，胚体逐渐变圆。梨形顶端膨大，细胞加厚，有顶纤毛束，能借助纤毛摆动作旋转运动，但中央还没有出现粗大的鞭毛，经常游于水表层，胚孔区还没内陷形成凸凹。晚期担轮幼虫左右略变扁平，背部尖，腹部宽，顶端扁平，四周细胞隆起，顶纤毛束的中央有一或两根粗大的鞭毛，胚孔区内陷，逐步形成凸凹。如图 2.5 和图 2.6 所示。

（2）面盘幼虫：由担轮幼虫发育而成，发育早期背侧有外套的原基，腹侧有足的原基，担轮幼虫的口前纤毛环部分突出成为左右对称的翼状薄膜，即面盘，靠其表面的纤毛运动而在水中游泳。从面盘后的体背的壳腺分泌贝壳，随着幼虫生长面盘退化，此期间开始形成足和壳。如图 2.7 所示。

图 2.5　担轮幼虫（一）　　图 2.6　担轮幼虫（二）　　图 2.7　面盘幼虫

（3）稚贝：面盘幼虫结束后，幼体会沉积下来，附着在成贝或其他硬物上，进入向成贝的过渡阶段。

（4）成贝：淡水壳菜达到性成熟后的个体。壳长在 8～25 mm 左右，最长可达35 mm，足丝发达，附着能力强。

2.1.2　淡水壳菜的内部结构

淡水壳菜的内部构造主要有呼吸系统、消化系统、循环系统、排泄系统、生殖系统、神经系统及感觉器官等几部分，淡水壳菜的内部结构如图 2.8 所示。淡水壳菜的主要呼吸器官是鳃，水流与鳃瓣中自肾脏来的入鳃血管血液进行气体交换。它的外套膜也有气体交换的作用。淡水壳菜的消化系统包括唇瓣、口、食道、胃、肠、消化囊等部分。水中小型颗粒被纤毛送到口中，进入食道、胃、肠、消化囊，进行消化吸收，废物通过直肠肛门排出体外。

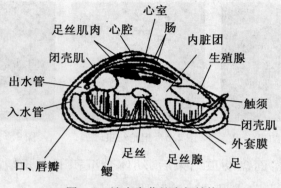

图 2.8 淡水壳菜的内部结构

2.1.3 淡水壳菜的生理

淡水壳菜一般分布在常年最低水线下,在水深 10 余米处也有分布。淡水壳菜主要以藻类等各种微小浮游生物和一些有机物碎屑为食,淡水壳菜及其他水生物构成的群落结构,常能反映河流、湖泊水质受污染,特别是受有机污染物污染的状况。因此可作为河流水质变化的监测指标之一。淡水壳菜生活在水流较缓的流水环境,以足丝固着在水中物体上,如在湖泊、河流、工厂的沉淀池及工业冷却水管管道内,它们固着在水下砖石,船舶、码头的木桩、堤坝、管道上。淡水壳菜雌、雄同体或异体,生殖腺界限不明显。在繁殖期,雄体外套膜肥厚,特别是外套膜边缘部分,膜里呈现乳白色颗粒,致使外套膜呈乳白色内脏囊的梨形突起也呈乳白色,每一乳白色的颗粒内含有大量精母细胞和成熟的精子,这时鳃瓣薄而透明;雌体的 4 个鳃瓣呈土黄色,由于鳃间腔内充满黄色胶质团块,而使鳃瓣膨大肥厚,此团块包裹着大量的幼体,有时一个雌体有 1 300 个幼体,这时雌体的外套膜较薄,外套膜及内脏囊的梨形突起皆呈蓝灰色或橘黄色,内含有发育程度不同的卵母细胞和成熟卵子;雌、雄同体的个体,鳃瓣里有黄色胶质团块,外套膜有多处乳白色的雄性区域和蓝灰色或橘黄色雌性区域相连,内脏囊的梨形突起呈乳白色,杂有较透明的小的橘黄色区域,彼此形成镶嵌的雌、雄同体。幼体随着胶质团块由母体的出水孔排出,幼体产出后,即可在成体壳上爬行。幼体生长 1 年可达 8 ~ 10.5 mm,此时性发育成熟。寿命可能为 10 年以上。表 2.1 是优势雄性、优势雌性和明显雌雄同体的淡水壳菜在生殖季节里的特征差异。

表 2.1　优势雄性、优势雌性和明显雌雄同体的淡水壳菜的特征差异

性别	外套膜	内脏囊的梨形凸起	鳃
优势雄性	肥厚,特别是其边缘部分,乳白色,含精母细胞或精子	乳白色,性细胞状况与外套膜相同	薄且较透明,没有胶质团块和幼体
优势雌性	薄,蓝灰色或橘黄色,含卵母细胞直至成熟卵	蓝灰色或橘黄色,性细胞发育程度较外套膜差	鳃间腔囊淡黄色胶团变得饱满厚实,呈土黄色
明显雌雄同体	肥厚,乳白色雄性区域和蓝灰白色或橘黄色的雌性区域相邻	乳白色中杂有较透明橘黄色小区	黄色胶团和幼体

壳长 8 mm 的雄性和 6 mm 的雌性个体即具有繁殖能力。精液呈乳白色烟雾状,精子长约 50 μm,头部略呈圆锥形,尾部细长。成熟卵子呈浅橙黄色,细颗粒状,大小均匀,呈圆球状,直径约

70 μm,外包一层胶质膜。成熟的精卵可以在体内外结合成受精卵。受精后 5 min,受精卵进行第一次分裂;4 细胞期:第一次分裂完成 5 min 左右,大卵裂球形成第二极叶。5 min 后,第二次分裂开始,形成一大三小的 4 个卵裂球。8 细胞期:受精后 50 min 左右,分裂前仍有极叶出现,之后以左螺旋式进行第三次分裂,形成 8 个细胞。16 细胞期:8 细胞形成后 10 min 左右,仍以左螺旋式进行第四次分裂,形成 16 个细胞。32 细胞期及桑葚胚:在 16 细胞期的基础上又向右旋转,分裂形成 32 个细胞。之后继续分裂,形成桑葚胚。受精后约 3 h 进入囊胚期。囊胚期的幼体,其表面布满短小的纤毛,能在水中游动旋转;约在受精后 3.5 h,动物极细胞下包、植物极细胞内陷,逐渐形成原肠胚。此后,经历担轮幼虫、面盘幼虫和稚贝几个阶段,逐渐长成成贝。

2.1.4　淡水壳菜的行为特征

淡水壳菜通常具有生长迅速、成熟早、产卵率高、对不同生活环境有高适应性等特性,使得它们能在新的环境中迅速扩散繁殖,并且迁移速度很快。通过对淡水壳菜的行为观察发现,在原水条件下,数分钟内,淡水壳菜逐渐张开双壳,并能够伸出柔软的身体活动(图 2.9),能够移动,逐渐向其他个体靠拢。同时能够分泌足丝黏附在杯壁或其他个体上,最终形成相互粘连的群体,聚集在一起之后,很少移动,个体稠密地群聚在一起簇生在沿江、河、湖泊、工厂的冷水管的管道内,可使管道有效直径缩减,甚至可把管道完全堵塞,或者由于它们的正常死亡,脱落下来的贝壳,在管道的转折处或分支处大量沉积,因而引起管道堵塞,水流不畅,而影响生产;若大量固着在船底,则影响船只的航速。

图 2.9　淡水壳菜在静水中行为

　　将附着不久的淡水壳菜人为强制取下,它会很快再分泌新的足丝附着,并不会对其造成损伤。但是,对于成团的淡水壳菜,已经长期粘连在一起,足丝已老化,如果强力拉扯,足丝并不能断裂,反而会将淡水壳菜壳内的肉体一并拖出,造成淡水壳菜个体的死亡。鉴于此,在淡水壳菜的杀灭试验中,均用剪刀将其足丝剪断,并不伤害个体本身,在新的环境中,其仍能够重新分泌足丝附着生存。

　　将淡水壳菜移出水面或用利器刺激其开闭壳处,淡水壳菜能够立即关闭双壳,将自己保护起来。闭壳时间可达 7 ~ 30 d。

2.1.5　淡水壳菜的生长特性

　　通过对淡水壳菜在一年中不同月份的平均壳长(图 2.10)的观察发现,当水温不是很高时,平均壳长随水温升高逐渐增加;在夏季水温较高时,淡水壳菜生长缓慢;在秋季随着水温降低,淡水壳菜的平均壳长降低,秋季淡水壳菜进行二次繁殖。淡水壳菜平均壳长基本随时间而增长,淡水壳菜每年在春季和秋季有两次繁殖期,5 月份和 10 月份时,原水中有大量淡水壳菜的幼体,使平均壳长显著降低。

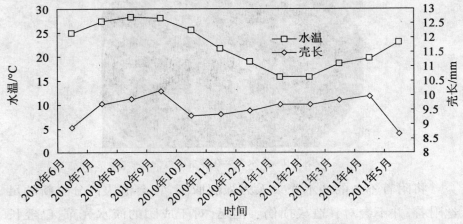

图 2.10　各月份水温及淡水壳菜壳长的变化情况

现阶段的研究都是单纯考虑温度对淡水壳菜生长的影响,不同时期的水质、水流速度、光照强度,水体中营养物质含量等因素对淡水壳菜生长的影响值得深入探讨。

淡水壳菜繁殖高峰期是入侵最严重的时期,淡水壳菜年度内发育 3 代,每代先后经历 2 个繁殖高峰期,繁殖活动受水温控制。观测年内繁殖高峰期主要为 5 ~ 8 月份,幼虫密度超过 5 000 个/m³,8 ~ 10 月份,淡水壳菜繁殖速度明显降低,12 月份才基本结束;性腺约从 9 月份开始萎缩。水中观测到的是 D 型幼虫及其后各阶段,说明淡水壳菜的入侵是其幼虫在水中浮游生活,并随水流入侵到各种人工及天然结构中。D 型幼虫在水中逐渐经历浮游的前期壳顶、过渡期壳顶及后期壳顶阶段。随着幼虫用于浮游的面盘及缘膜结构的脱落,斧足逐渐形成,而进入匍匐的踯行期。此后分泌足丝,逐渐进入利用足丝附着生活的稚贝期,稚贝逐渐长大,进入稳定附着后基本不再移动,逐渐长为成贝。根据淡水壳菜壳长生长速度可知,只需 6 个月平均壳长即可达 9.07 mm,就能达到性成熟。淡水壳菜的性腺集中在 2 月成熟,9 月开始萎缩,生殖腺成熟和开始萎缩时间比阿根廷的淡水壳菜早,这可能与两地的水温有关,还有待于进一步研究。在深圳原水管道中,淡水壳菜具有较长的繁殖期,约 8 个月(2 ~ 9 月份),促发淡水壳菜开始繁殖的"门槛"水温为16 ~ 17 ℃。

2.1.6　淡水壳菜幼虫发育阶段

淡水壳菜生命周期短,成长快,繁殖能力强,多国学者将淡水壳菜作为自然水体的入侵物种,对其开展了广泛的生物学研究。研究表明,淡水壳菜完整的发育过程包括以下几个阶段:成熟—配子—受精卵—胚胎—担轮幼虫—面盘幼虫—踯行期—稚贝—成贝。但对不同地区生活的淡水壳菜的发育过程的报道存在明显差异。表2.2 中列出了国内外对淡水壳菜发育过程的各种研究结果。

Darrigran 等认为,南美地区生长的淡水壳菜几乎均为雌雄异体,但雌雄性比因地区差异而有所不同。赵家斌报道,中国台湾地区生活的淡水壳菜雌雄性比为 1:0.1;Morton 报道,中国香港地区生活的淡水壳菜雌雄性比为 2:0.1;罗凤明报道,深圳地区生活的淡水壳菜雌雄性比也为 2:0.1。而中国科学院水生生物研究所管道小组报道的湖北地区生活的淡水壳菜为雌雄同体;刘月英报道的湖北地区生活的淡水壳菜为雌雄同体或雌雄异体。关于淡水壳菜的受精场所和入侵方式的报道也有所差异。据南美和中国香港地区的报道,淡水壳菜受精卵在水中发育成担轮幼虫,而后经历面盘幼虫(D 型幼虫、前期壳顶幼虫、后期壳顶幼虫),踯行幼虫,逐渐进入附着;幼虫附着后,面盘逐渐退化,足丝逐渐发达,外套膜开始分泌钙质的次生壳,幼虫变为稚贝,开始用鳃呼吸与摄食,由浮游、匍匐生活变为用足丝附着生活,接着向成贝生活过渡。Dos Stantos 通过水体采样得到自淡水壳菜受精卵至不同发育阶段的幼虫,幼虫的浮游生活状态可能维持在 30 d 左右。因此,这些地区的淡水壳菜是利用其浮游生活的幼虫向新的水体或其他人工栖息地扩张的。

据研究,淡水壳菜的面盘幼虫阶段在母体内完成,在胚胎中形成贝壳后,带壳的幼体从母体的出水孔吐出后在母体壳上爬行,1 ~2 d后静止固着在母体壳上,因此认为,淡水壳菜是通过幼体的爬行扩张的,其入侵范围也因此受到限制。

表 2.2　国内外对淡水壳菜发育习性的报道

地区	文献	成贝雌雄性比	受精方式	担轮幼虫	面盘幼虫			踯行幼虫
					D 型幼虫	前期壳顶幼虫	后期壳顶幼虫	
南美	Catado,2005	—	水中	水中	水中	水中	水中	水中
南美	Dos Stantos,2005	—	水中	水中	水中	水中	水中	水中
南美	Darrigran, et al. 1998	2:0.1	水中	水中	水中	水中	水中	水中
南美	Darrigran,2003	0.73:1	水中	水中	水中	水中	水中	水中
日本	Magara,2001	—	—	—	水中	水中	水中	水中
韩国	Choi and Kim,1985	—	—	—	水中	水中	水中	水中

续表 2.2

地区		文献	成贝雌雄性比	受精方式	担轮幼虫	面盘幼虫			蹒行幼虫
						D 型幼虫	前期壳顶幼虫	后期壳顶幼虫	
中国	台湾	赵家斌,1998	1:0.1	—	—	水中	水中	水中	水中
	香港	Morton,1973 Morton,1977	2:0.1	水中	水中	水中	水中	水中	水中
	湖北	中国科学院水生生物研究所管道小组,1979	雌雄同体	母体	无此阶段	母体	母体	母体	水中
		刘月英,1979	雌雄同体或异体	母体	—	母体	母体	母体	水中
	深圳	罗凤明,2006	2:0.1	母体	母体	母体	—	—	水中

注:一表示未观测或未报道

　　不同地区的淡水壳菜的生长繁殖特性及入侵方式随其发育过程的不同而存在差异。针对淡水壳菜不同的扩张方式的防治思路相差很大。对于依赖幼体爬行扩张的情况,由于幼体爬行能力有限,其入侵防治相对容易;而针对具有浮游幼虫扩张的情况,幼虫浮游在水中,随水流所到之处即可能发生淡水壳菜入侵,因此,其入侵范围广,随机性大,防治极为困难。因此,不同地区淡水壳菜入侵及生物污损的防治也必须基于对当地淡水壳菜生物学和生态学特性的了解,根据其繁殖、入侵、附着特性,才能提出有效的防治措施和防治时机,从而达到最佳的控制效果和经济效益。

2.1.7　淡水壳菜幼虫及成贝的运动特性

日本京都大学的 Yumiko Uryu 等[34]从淡水壳菜的行为运动学方

面研究淡水壳菜的趋触性、趋地性、趋光性、运动能力等方面的特征。将不同壳长的淡水壳菜放置在塑料容器中进行爬行试验,试验观察到淡水壳菜的爬行运动集中在试验开始的前5 h,运动能力由壳长从小到大依次降低,壳长越长的贝移动的距离越短(图2.11)。小贻贝不仅爬行距离远,而且在扰动以后能立即运动寻找新的固定地点,这个试验表明,小贻贝更有寻找合适固定点的适应性。不论是大小贻贝在光照条件下都表现为负趋光性和趋地性,但是小贻贝在黑暗条件下表现为逃地性。试验研究得出淡水壳菜在趋触性作用下趋于聚集,团簇生存,壳长较短的小贻贝趋于聚集在裂隙处,而大贻贝则趋于固定在平坦的基质上,试验时间越长,团簇的尺寸越大。所有淡水壳菜都倾向于阴暗环境和黑暗基质,即表现为负趋光性。

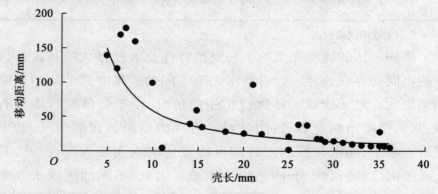

图2.11　23 h内淡水壳菜移动距离与壳长的关系

2.1.7.1　淡水壳菜幼虫的移动能力

淡水壳菜发育到不同阶段其运动器官也有所不同:面盘幼虫阶段是依靠面盘表面的纤毛在水中浮游运动;蹒行期幼虫则依靠其斧足伸出体外匍匐移动,因此运动速度也存在差异。通过对不同发育阶段的幼虫(包括面盘幼虫及蹒行幼虫)的运行进行镜下观测,并采用同步摄像装置进行显微拍摄,比较不同时刻照片中幼虫位置变化,计算幼虫的平均运动速率。

图 2.12 为不同发育阶段的淡水壳菜幼虫的运动速率与体长的关系,由图可知:

(1)面盘幼虫阶段和蹒行幼虫阶段,淡水壳菜幼虫的游泳运动能力均较弱,最大运动速率约为 400 μm/s,与水流速度相比,可以忽略,因此,淡水壳菜幼虫对远距离的水体或人工结构的入侵几乎完全依赖于水流速度,而非自身的游泳能力。

(2)面盘幼虫的运动速率与体长之间存在相互关系,当幼虫体长 <180 μm时,幼虫运动速率随着体长的增加而增加。当幼虫体长 >180 μm时,由于逐渐进入后期壳顶幼虫阶段,面盘逐渐萎缩、脱落,运动能力随着体长的增加反而逐渐降低。

(3)蹒行幼虫运动能力较面盘幼虫强,其最大运动速率高于面盘幼虫。但蹒行幼虫的运动速率与体长的关系不明显,体长在 280 μm左右的蹒行幼虫的运动能力相对较强,最大运动速率约 400 μm/s,随着体长的增加,蹒行幼虫逐渐进入附着生活阶段,其运动行为也逐渐放缓,运动速率降低。

虽然淡水壳菜幼虫的运动能力弱,但对于输水通道中淡水壳菜生物污损而言,淡水壳菜幼虫的运动能力具有重要意义。如果淡水壳菜幼虫本身不具有主动运动能力,则在输水通道中水流为层流的情况下,能够向通道管壁附着的幼虫仅为贴近管壁的少量幼虫,而大部分不贴近管壁的幼虫将被带到输水通道末端的授水水体中。

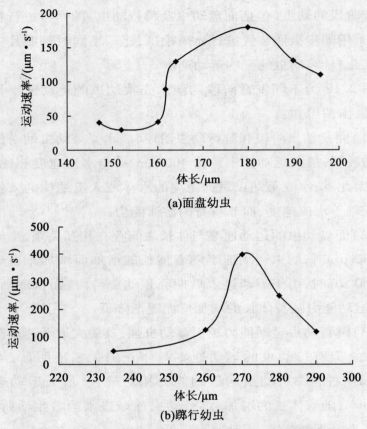

(a)面盘幼虫

(b)蹒行幼虫

图2.12　不同发育阶段的淡水壳菜幼虫的运动速率与体长的关系

　　那么,输水通道中淡水壳菜的高密度附着污损将仅发生在通道的取水口位置。输水通道横断面中心处的淡水壳菜幼虫到达壁面所需的时间最长,随水流纵向转移的距离也最远。以东江水源工程输水通道的第一个取水泵站东江泵站为例,淡水壳菜幼虫随水流自东江泵站前池进入东江压力管道(直径2.6 m),幼虫从压力管道的中心游到管道壁面的最大距离为1.3 m。根据幼虫最大游

泳速率 4.0×10^{-4} m/s 可知,幼虫从压力管道的中心游到壁面所需的时间最长,为 3.3×10^3 s。压力管道中平均流速约为 0.9 m/s,因此在幼虫从压力管道的中心游到壁面的这段时间内水流沿管道纵向迁移距离约为 3 km,因此,淡水壳菜幼虫主要附着在管道进水口至其下游 3 km 范围内。以东江水源工程输水通道的第二个取水泵站西枝江泵站为例,水流自西枝江泵站前池进入马安压力箱涵,幼虫从箱涵的中心游到箱涵壁面的最大距离为 2 m,因此,幼虫游到边壁所需时间最长,为 5×10^3 s。而箱涵中水平均流速约为 0.7 m/s,在幼虫从压力箱涵的中心游到壁面的这段时间内水流沿箱涵纵向迁移距离约为 3.5 km,因此,淡水壳菜幼虫主要附着在取水口至其下游 3.5 km 范围内。淡水壳菜在输水通道中的附着密度与其贴近结构壁面的机会和本身的游泳能力密切相关。输水通道中淡水壳菜的这种入侵与附着特性为输水工程中淡水壳菜污损的防治提供了思路,例如,在水流进入输水通道前设置专门用于淡水壳菜幼虫附着的附着池,只要尽可能增加幼虫在附着池内的贴近附着物壁面的机会,大部分幼虫即在此附着,进入输水通道的数量便会明显减少,通道遭受淡水壳菜污损的威胁也随之降低。

2.1.7.2　淡水壳菜幼虫的沉降特性

1. 静水沉降

通过在繁殖高峰季节收集原水中大量淡水壳菜幼虫,进行静水沉降试验,得到如下结论。图 2.13 给出了不同初始密度下的淡水壳菜幼虫沉速级配关系。从图中可以看出:不同初始密度下,淡水壳菜幼虫沉速级配关系曲线相似;80% 的幼虫的沉速为 100 ~

1 000 μm/s,其余20%的幼虫的沉速为 1 000 ~ 10 000 μm/s,中值沉速约为 800 μm/s,为淡水壳菜幼虫最大运动速率的2倍。此外,样本观测过程中还发现,D 型幼虫与面盘幼虫的沉降习性无显著差异,同一时段中沉降到沉降管底的 D 型幼虫与面盘幼虫所占的比例与试验开始时各幼虫阶段所占的比例相近。

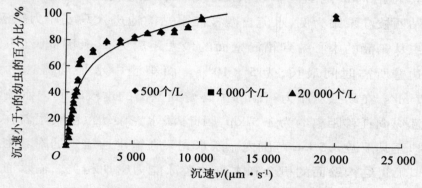

图 2.13 淡水壳菜幼虫的沉速级配曲线

根据静水沉降试验结果,可参考淡水壳菜的沉速级配曲线,选择适当的沉速作为设计参考值,并按此标准设计沉降池尺寸与水流条件,以实现相应的沉降效果。如以淡水壳菜幼虫的中值沉速 800 μm/s 为设计参考值设计的沉降池,理论上沉降水中 50% 的淡水壳菜幼虫;以淡水壳菜幼虫的最低沉速100 μm/s 为设计参考值设计的沉降池,理论上能够沉降水中 100% 的淡水壳菜幼虫。但为了追求高沉降率常需加大沉降池尺寸、延长沉降时间,如此设计的沉降池将增加工程造价。因此,可通过试验,选择能够使沉降效果和经济性综合最优的沉速 v_0(定义 v_0 为淡水壳菜幼虫沉速最优设计参考值),作为工程实践中设计沉降池尺寸或水流条件的依据。下述开展了小型沉降池沉降试验研究淡水壳菜幼虫沉速最优设计参考值 v_0。

2. 沉降池沉降效果

利用蛤幼虫的沉降特性,根据幼虫沉速(ν),设计沉降池水深(h),长度(L),以及水流速度(V),当 $h\nu \leqslant L/V$ 时,即幼虫自液面沉降至池底所需时间≤幼虫随水流自沉降池进口流至沉降池出口的时间时,水流中的淡水壳菜幼虫能够沉降到池底,从而幼虫随水流输运到下游的危险降低。图 2.14 给出了幼虫沉降率与沉降时间(即水流经过沉降池所需时间 $t = L/V$)的关系,从图中可以看出,当水流经过沉降池的时间 $t_0 = 750$ s 时,幼虫沉降率达到峰值;当沉降时间 $t > 750$ s 时,幼虫沉降率变化不大,沉降时间的延长只会造成工程浪费。因此,认为 $t_0 = 750$ s 时计算出的幼虫沉速为最优设计参考值 ν_0。按照沉降时间 $t_0 = 750$ s,沉降水深 $h = 0.3$ m 计算得 $\nu_0 = 400$ μm/s,约 80% 的淡水壳菜幼虫的沉速 $\nu > 400$ μm/s,因此,按照 $\nu_0 = 400$ μm/s 设计的沉降池能保证 80% 的幼虫在池内沉降。

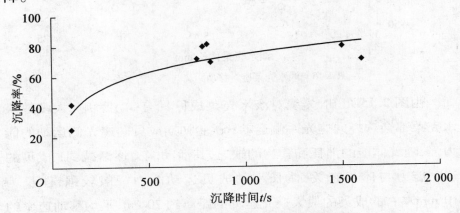

图 2.14　淡水壳菜幼虫沉降率与沉降时间的关系

2.1.8 淡水壳菜成贝的避光特征

淡水壳菜成贝进入附着阶段后一般不再移动,除非受到外界刺激,如光照、附着环境变恶劣等情况下,为了逃避不适宜的环境,淡水壳菜成贝会切断足丝移动,寻找新的附着场所。图2.15显示的是试验结束时,淡水壳菜避光移动距离与淡水壳菜体长的关系。总体上,淡水壳菜成贝避光移动距离随淡水壳菜体长增加呈衰减趋势。

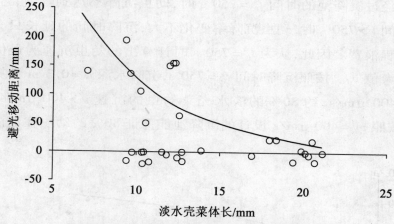

图 2.15　淡水壳菜避光移动距离与体长的关系

由图 2.15 可知,光线对淡水壳菜成贝具有一定影响,大多数淡水壳菜都会选择向遮光一侧运动;试验初期成贝向遮光侧运动的能力强,随着体能的消耗和食物的缺乏,其活动能力逐渐减弱;成贝的运动能力与体长有关,体长小的成贝运动能力一般较强,体长为 10 mm 左右的成贝的最大避光运动的距离约 20 cm,平均移动速率约 18 cm/h。体长较大的成贝的运动能力较弱,15～20 mm 的成贝的最大运动距离一般不超过 2 cm;淡水壳菜的群居性对成贝的移动能力有影响,一般数只成贝附着形成聚团后,运动能力就非常差。

2.1.9　淡水壳菜幼虫在脉动中的死亡特征

淡水壳菜幼虫在脉动中的死亡特征试验结果表明,泵气作用会引起淡水壳菜幼虫的死亡,泵气后幼虫的死亡主要表现为组织结构流出甚至脱落,外壳破碎,如图 2.16 所示。这些死亡现象可归因于强烈振荡的水体环境中,幼虫在高频脉动的小涡的热效应和机械效应的共同作用下形成共振,而导致自身破碎受损。

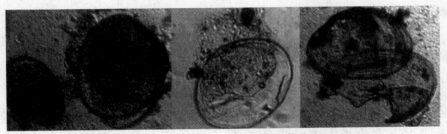

(a)组织流出　　　　　(b)组织脱落　　　　　(c)壳体破碎

图 2.16　泵气脉动造成淡水壳菜幼虫的死亡形态

2.2　工程沿线淡水壳菜的附着特性

以遭受淡水壳菜污损的深圳东江水源工程为例,对工程的水源河流东江、西枝江中淡水壳菜栖息特性进行野外调查,对工程输水管线中淡水壳菜附着及造成的生物污损展开调查,并结合淡水壳菜足丝抵抗水流冲刷试验、足丝附着力试验及淡水壳菜对不同材料的附着试验,得到如下淡水壳菜的附着特性。

2.2.1 淡水壳菜对附着材料的偏好性

在南美的调查发现,淡水壳菜能在几乎所有的天然硬质壁面附着,而在东江及西枝江的自然栖息地调查表明,淡水壳菜只在东江的基岩或巨石河床边壁上有附着,在西枝江的黏土及沙质岸壁及河床中无附着。西枝江岸边种植大量竹子,在洪水季节竹子落入江中,成为西枝江中淡水壳菜的主要栖息地,淡水壳菜以聚团形式附着在竹节、竹根及竹腔内壁。但同样坠落江中的枯树枝上附着的淡水壳菜就较少。

以下附着性试验探究了野外调查中发现的淡水壳菜附着对几种常见工程材料的偏好性。在西枝江泵站厂区内修建了一砖混结构的淡水壳菜培养渠道,如图 2.17(a)所示,Ⅰ段上方有潜水泵将西枝江原水泵入渠道,保持渠道中水流速度在 0.4~0.6 m/s 的适于淡水壳菜生长附着的流速范围。将有淡水壳菜聚团的竹子培养在Ⅰ段,作为试验的贝源。在渠道的Ⅱ—Ⅳ段分别安装 4 个钢筋焊接的长方体框架,每个框架内平行于水流方向依次安装竹排、胶垫、PP 板(一面水泥抹面,一面打磨糙面)、粗布、建筑防护网,如图 2.17(b)所示。观测各段中框架内各材料上 1 d 后,1 周后,2 周后,以及 4 周后附着的淡水壳菜数量。

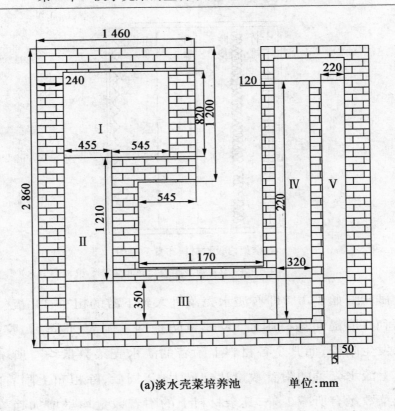

(a)淡水壳菜培养池　　　单位:mm

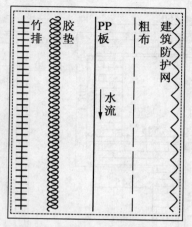

(b)框架内吸附材料布置示意图

图 2.17 附着池及附着材料布置

　　试验开始 1 d 后即有淡水壳菜进入到下游的粗布、PP 板（水泥抹面和打磨糙面均有附着）及建筑防护网上附着；1 周后，胶垫上仍未发生附着，而其余各材料上附着的淡水壳菜数量均有所增加，粗布上淡水壳菜的附着数量达到最大；2 周后，除粗布上附着的淡水壳菜数量有所减少外，其余材料上的附着数量均呈增加趋势，尤其是竹排上附着的数量剧增，达到所有试验材料上附着数量的最大值；4 周后，除竹排上附着数量有明显变化外，其余各材料上的附着数量基本与 2 周后的持平，可认为淡水壳菜在这些材料上的附着活动在 2 周后已进入平衡状态，因此，本书称 2 周后的阶段为稳定附着期。竹排上附着数量在 4 周后有所减少，可能与原水中的悬浮物覆盖在竹叉等部位，导致部分附着的淡水壳菜在统计时遗漏有关。从稳定附着期内的平均附着情况看，淡水壳菜对材料的偏好性明显，最喜好的材料为竹排，其次为打磨粗糙的 PP 板面，然后依次是粗布、建筑防护网、PP 板光滑水泥面。淡水壳菜最不喜欢附着的是胶垫,虽然该材料是硬质的,且具有凹陷的空缝可作为淡水壳菜的栖身场所,但其强烈的气味甚至毒性不利于淡水壳菜的附着。因此,本试验是对以前关于淡水壳菜附着于各种硬质材料上的认识[35]的一个补充:淡水壳菜也附着于粗布这样的柔性材料,这种材料是淡水壳菜不稳定附着期所偏好的临时性栖息地。因此,可以利用柔性材料吸引淡水壳菜附着,然后伺机更换,从而将水中大量的淡水壳菜取出,也能从一定程度上减少进入管道的淡水壳菜数量。

水流条件相同的情况下,淡水壳菜最先易于附着的材料是粗布,随着附着时间的增长,竹排逐渐受到青睐。总体而言,淡水壳菜偏好竹编材料,表面粗糙的无毒材料以及柔性布料及防护网,而不喜欢具有强烈气味甚至毒性的材料。

2.2.2　工程沿线淡水壳菜附着密度与管段工作压力的关系

图 2.18 显示了工程沿线淡水壳菜附着密度与管段工作压力的关系,从图中可以看出,淡水壳菜附着密度与管段工作压力之间的关系与工程管理人员反映出的情况不完全一致。管理人员认为有压管道附着密度高,无压管道附着密度低[36,37],而本书统计的工程沿线淡水壳菜附着密度与管段是否有压,以及压力大小之间并无明显相关。在无压管段,淡水壳菜的附着密度可以是 200 ~ 1 500 个/m² 不等;而在工作压力为 1.0 ~ 2.0 MPa 的管段,附着密度为 0 ~ 10 000 个/m² 不等,也并未表现出一致的高密度;在其他工作压力下,附着密度也未呈现出与压力大小明显的相关。实际

上,作者在淡水壳菜的趋光性试验中发现,不仅淡水壳菜幼体不适于在强光环境下生活,淡水壳菜成体也具有一定的避光性,且活动能力越强的个体向避光区移动的距离越远[38]。因此,管道中光线强弱会影响淡水壳菜的附着密度,一般有压管道中光线极弱,适于淡水壳菜附着,而无压管道或明渠中光线较强,不利于淡水壳菜生长。也就是说,表面上看是管道压力对淡水壳菜附着有影响,而实质上影响淡水壳菜附着的是管内光线。

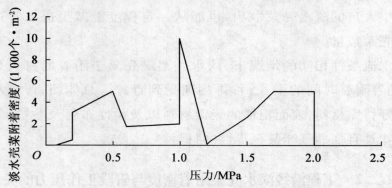

图 2.18　淡水壳菜附着密度与管道压力的关系

　　稳定附着的淡水壳菜的附着力与淡水壳菜体长之间存在一定的正相关,体长越大,附着力一般也越大,最大附着力约 20 N。淡水壳菜用于附着的足丝越粗,足丝根数越多,淡水壳菜附着越牢固,能够抵抗的冲刷水流的流速也越高,最大脱落流速约为 2.2 m/s,如图 2.19 所示。

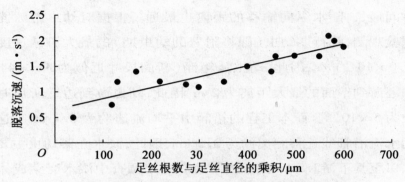

图 2.19　淡水壳菜脱落流速与足丝根数及直径的关系

2.2.3　淡水壳菜附着密度沿程变化

在取水口附近,淡水壳菜附着密度极高,东江取水口附近附着密度达 5 000 个/m^2,西枝江取水口附近高达 10 000 个/m^2。从管线全程的附着情况看,淡水壳菜入侵管线后,高密度附着在取水口后方约 1 km 范围内,之后附着密度迅速衰减到低于 200 个/m^2。取水口后方,成贝附着密度随着距取水口的距离成指数衰减,且密度相差 2~4 个量级(东江取水口影响的密度波动范围为 2 个量级,西枝江取水口影响的密度波动范围为 4 个量级),因此,管道中淡水壳菜附着密度的重要影响因素为取水口。另外,如取水口后方为无开敞或无压结构时,一般附着密度能够在距离取水口 5~10 km 范围内迅速衰减到接近 0。

这表明淡水壳菜幼虫随水流进入输水管线中会就近附着于输水管线壁面,除非附着地的水流条件极度恶劣,否则它们不会选择主动移动到更远的下游管段。假设能够附着的淡水壳菜幼体接触到可供附着的边壁即附着,那么断面中心处的幼体到达壁面所需的时间最长,随水纵向输移的距离也最远。根据对幼虫游泳能力的试验观测,蹠行期幼虫(即将附着的幼虫期)的最大游泳速度约为 4.0×10^{-4} m/s,因此,幼虫从箱涵(断面尺寸近似为 3 m × 4 m)的中心游到壁面的最大距离为 2 m,因此,幼虫游到边壁所需时间最长为 5×10^3 s。而本工程的箱涵中平均流速约为 0.7 m/s,这段时间水流沿管线迁移距离约为 3.5 km,因此,淡水壳菜幼虫主要在取水口至其下游3.5 km范围内附着。这与调查中淡水壳菜成体在取水口下游 3 km 之外的附着密度极低相吻合。而且,水流横断面上超过 80% 断面面积上的点与壁面的距离小于 0.6 m,因此,绝大多数幼虫到达壁面时随水流沿管线迁移的距离在1 km以内。这与调查中大部分淡水壳菜成体都在取水口下游 1 km 之内高密度附着也相符。因此,淡水壳菜入侵输水管线一旦贴壁即附着的假设成立,淡水壳菜的附着密度与幼虫贴近附着基质的机会正相关。这一思路也为输水管道中淡水壳菜的治理提供了一些思路,例如,在进入管道前设置专门用于淡水壳菜附着的附着池。只要尽可能增加淡水壳菜在附着池内的贴壁机会,大部分淡水壳菜幼虫即在此附着,因此进入输水管道的淡水壳菜数量会明显减少,淡水壳菜的入侵威胁也随之降低。

工程沿线中,相同的压力结构段中淡水壳菜附着密度呈一致性衰减(如东江压力管道段;西河潭隧洞段、平滩压力箱涵段、马安压力箱涵段),当压力段遇到开敞水池或无压结构时(如西河潭进、出水池,永湖、白石洞无压隧洞进口,坪山无压箱涵进口,沙湾、清水河无压隧洞进口),成贝的附着密度都会发生剧烈波动,基本都表现为突然增大,随后又逐渐衰减,且这种结构波动范围引起的密度波动范围为 1 ~ 2 个量级。

在输水管道中,水位线以上的洞壁基本无淡水壳菜附着生长,水位线以下洞壁上有淡水壳菜附着,但分布均匀,不密集成团。在隧洞中的地板与直墙交界处、一些凹凸不平的水坑、蜂窝麻面处以及洞壁板上装设的泄水管中,往往有淡水壳菜较密附着甚至团簇生长。隧洞拐弯段贝类生长多于顺直段,在洞中突起、凹槽或石块上,迎水面的贝类生长较背面明显密集。

此外,淡水壳菜附着后,一般不再移动,以鳃被动滤食水中有机碎粒、藻类及原生动物,因此适宜的水流条件及丰富的食物来源对淡水壳菜的附着具有重要影响[39]。随着与取水口距离的增加,水流携带的供淡水壳菜使用的食物和溶解氧逐渐降低,附着环境逐渐恶化也是淡水壳菜附着密度随与取水口距离增加而衰减的原因之一。

2.2.4　流速对淡水壳菜附着密度的影响

粤港供水公司停水期间调查发现[40],经过一年半的时间,在水流速度为 0.08 ~ 0.1 m/s 的粤港供水公司二期和三期电站尾水池池壁附着的淡水壳菜,最厚可达 5 ~ 6 cm;在水流速度为 0.7 ~ 0.9 m/s 的暴气站明渠壁上附着的淡水壳菜,最厚可达 2 ~ 3 cm;水流速度为 2.0 ~ 2.5 m/s 的太园泵站反虹涵内壁,黏附着厚达 2 cm 左右的淡水壳菜;在凤凰岗—窑坑双埋管的一些具分支、水流不够平稳的管段,淡水壳菜的附着密度明显降低。由此可见,水中淡水壳菜具有流速敏感性:在流速较低的情况下表现为自然状态,也说明较小的流速对淡水壳菜生存不会构成威胁;在流速稍增大一定程度以后淡水壳菜吸附在可以逃避水流的静止固壁;当水流速度超过一定范围以后,淡水壳菜即不能生存。

不适宜的水流条件会影响淡水壳菜的附着生长,流速过快可使壁面附着的淡水壳菜脱落,尤其是死亡或体长较大的个体,容易被高速水流冲下,如管线调查时经常可以见到底壁堆积的大量大体长淡水壳菜就是在高速水流作用下脱落的。断面最大流速是根据管线中的最大流量求得的,断面平均流速是根据绝大多数情况下管线中的平均流量求得的。从包络线上来看,若以1 000 个/m² 作为分界密度(认为附着密度低于1 000 个/m² 的断面即为不适宜淡水壳菜附着的水流断面),那么,淡水壳菜能够适应的长期运行的水流条件为断面平均流速低于1.2 m/s,能够承受偶尔的极限高流速为2 m/s,当断面平均流速超过1.2 m/s,或偶然高流速大于2 m/s时,壁面附着密度均极低。在以往关于管线中淡水壳菜的治理试验研究中也指出,水流速度在2 m/s 左右时能够抑制淡水壳菜附着。淡水壳菜对壁面的腐蚀与其附着密度是互促增长的过程,坑越深,越易于淡水壳菜幼虫初期附着时隐蔽栖息,而不被水流带走,因此,附着密度也越大;附着密度越大,淡水壳菜足丝对壁面的腐蚀作用也越强烈,因此,腐蚀坑也越深。

如图 2.20 所示为淡水壳菜附着密度与管道流速的关系,断面平均流速过低(<0.3 m/s)或过高(>1.4 m/s)时,淡水壳菜的附着密度都很低,流速在0.4 ~ 0.9 m/s 时,淡水壳菜的附着密度普遍很高。水流速度过低时,不能保证充足的食物来源,淡水壳菜的生长发育受到限制;流速过高时,大量淡水壳菜来不及贴近壁面即被带离该断面,即使有机会附着在壁面,其足丝强度也难以抵抗高速

水流的冲刷。因此,淡水壳菜在管道中附着的适宜流速范围为
0.4~0.9 m/s。调整管道输水流速至适宜淡水壳菜附着的流速范
围之外也可以有效降低淡水壳菜的附着污损。

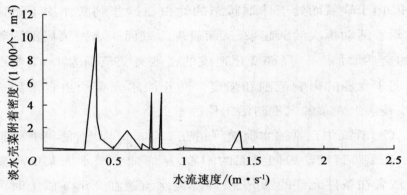

图 2.20　淡水壳菜附着密度与管道水流速度的关系

综上所述,淡水壳菜的附着特性如下:

(1)淡水壳菜一旦附着,基本不再移动,因此,它向输水管线中
的入侵,主要是依赖其幼虫随原水迁徙,逐渐向管线下游入侵,[41]
而幼虫随水输移的过程中,进入附着阶段的蹑行期幼虫逐渐在管
壁上附着,导致原水中蹑行幼虫密度越来越低,向管壁附着的幼虫
也随之减少,最终表现为壁面上成贝附着密度减小。本工程有两
个原水取水口,淡水壳菜幼虫主要来自于这两个水源。取水口后
方,结构物壁面上淡水壳菜成贝附着密度呈指数衰减,也表明蹑行
期幼虫在随原水输移过程中逐渐附着,密度呈指数衰减,且密度衰
减范围相差 2~4 个量级;在不遇到开敞或无压结构段时,一般能
在5~10 km以内衰减到接近 0。

(2)局部开敞或压力结构与无压结构转变段都是附着密度突

变点,在这些位置局部附着条件变化,水流条件改变(一般平均流速降低),使得体长稍小的幼虫有机会停留;且空气中氧气的进入,水中溶解氧水平提高,光线的适度增强,都对幼虫起到一定的刺激作用,由于缺氧而处于休眠状态的幼虫在这些刺激作用下迅速苏醒,附着活动再次活跃起来,从而表现为壁面淡水壳菜局部附着密度的突然增加[42]。局部变化造成的密度突变范围为 1~2 个数量级,弱于水源的影响范围和强度。防止淡水壳菜幼虫自水源进入管线是淡水壳菜的入侵防治工作的重点。

(3)管线中正常输水流速保持在 1.2 m/s 以上,能够有效抑制淡水壳菜蹰行期幼虫向壁面的附着,从而减少淡水壳菜的附着密度;或者在条件允许的情况下,局部输水流速在 2 m/s 以上时可使已经附着的淡水壳菜脱落。

(4)具有混凝土表层的隧洞、箱涵壁面因淡水壳菜附着引起的腐蚀较为严重,而具有防护涂层的压力管道受腐蚀的程度相对较轻,在进行管线检修时要注意对相应的受损结构面进行修护和保护,尽量减少凹凸不平的表面,从而减少幼虫初期附着时的避难场所。

利用淡水壳菜入侵输水管道就近附着的特性及其对水流条件及附着材料的偏好特性,可在输水工程管线前设置具有淡水壳菜偏好的附着材料,且水流速度适宜的附着池,使尽量多的淡水壳菜在进入输水管道前附着;待附着材料上淡水壳菜的附着密度达到平衡时更换附着材料,从而将大量的淡水壳菜取出,淡水壳菜入侵管道造成污损的危险便降低。附着池中采用的附着材料可以是轻便的柔性材料(如粗布、土工布),便于更换操作,但淡水壳菜对柔性材料的附着约 1 周后即达到极高密度,因此更换频率要求较高;附着材料也可选择类似于竹编网的材料,其更换频率可以低一些。

2.3 淡水壳菜取样与培养方法

2.3.1 取样与培养方法

从取水泵站格栅前选取潮湿成团的淡水壳菜,用原水冲洗除去表面污泥,将淡水壳菜从水中取出,除去双壳已完全弹开的死亡个体,其余的剪断足丝,静养在自制培养箱、烧杯和塑料盆内以备试验。已死亡的淡水壳菜壳质会变软变脆,原本内部的珍珠质层会出现在外壳表面,闭壳肌失去活力,双壳慢慢打开,内部白色软体组织流失。淡水壳菜在清水中能张开双壳,交换营养物质,一旦离开水体或其闭壳肌被外物刺激,会立即合拢双壳,应激保护自己[43]。有些个体闭壳肌伸缩能力差,离开水体后不能马上闭壳,说明其生命力较弱,已处于濒死状态,应每天检查,一旦死亡马上移除。取样至试验开始的适应期为 7 ~ 20 d,以保证选取到的试验个体的生命力较强。

培养阶段,除了循环水流装置每半月换一次水,其余的静水容器内原水一般两天换一次。实验室通风良好,夏天通过空调控制气温,冬天在水体中放置加热棒,保持水温在(22 ± 2)℃左右。在烧杯中的淡水壳菜只会停留在烧杯底部和靠近水面的杯壁两个水平高度上。

2.3.2　淡水壳菜培养装置

淡水壳菜培养装置整个箱体为有机玻璃材质（图 2.21），原水在箱体内流速控制在 0.1～0.2 m/s。

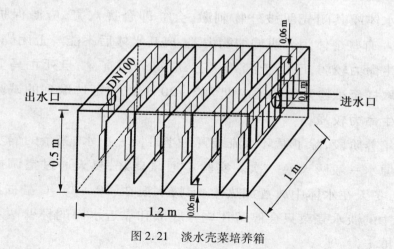

图 2.21　淡水壳菜培养箱

2.4　淡水壳菜的水力学特性

生态水力学是近年发展起来的新兴学科[44]，属流体力学、生物学、生态学、环境科学与工程科学的交叉学科，主要研究水中生命体的扩散输移规律及其属力学范畴的控制技术。任何生命体都有其特定的生存环境，其中水、氧气与食物是生命体最基本的生存条件。此外，水中生命体对水环境还有更进一步的要求，如水温、水质、流速、水深等。这些水环境的条件是不断变化的，水中生命体须不断调整自己或其群体来适应新的环境。以下采用河流动力学的方法，从生态水力学角度对淡水壳菜生态水力学特性进行研究，主要分为淡水壳菜的几何形状特征、对水深和水流改变的敏感性等方面，并为以后寻求有效灭蛤的方法提供了参考。

2.4.1　淡水壳菜的生态水力学特性[45]

2.4.1.1　几何形状

在深圳东江水源工程采集的样本淡水壳菜壳长 L、壳宽 B、壳高 H、湿重 W 之间的相关性如图 2.22、图 2.23 及图 2.24 所示。

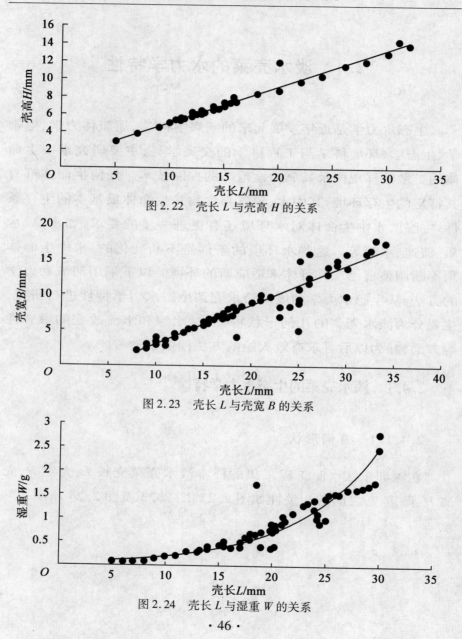

图 2.22　壳长 L 与壳高 H 的关系

图 2.23　壳长 L 与壳宽 B 的关系

图 2.24　壳长 L 与湿重 W 的关系

通常,贝类的壳长随着年龄的增加而增长,壳长增加了,壳宽和壳高也随之增加。

淡水壳菜壳长 L 与壳高 H、壳宽 B 呈线性关系:

$$L = 2.632H - 3.5765, R^2 = 0.8657$$

$$L = 2.584B + 1.876, R^2 = 1.0521$$

湿重是指带壳淡水壳菜的体重,湿重 W 与壳长 L 呈幂函数关系:

$$W = 0.0001L^{26547}, R^2 = 1.0215$$

2.4.1.2　水深光照敏感性

淡水壳菜在静水中不能自己浮起,只能依靠固体边壁爬到水面。Yumiko Uryu 实地研究发现,沉沙池中水体表层下淡水壳菜幼虫的浓度最高。继而试验模拟验证淡水壳菜在静水中是否有往上爬的欲望,将 24 只淡水壳菜分别放到水深 10 cm 的 4 只圆柱形容器里,放在不同的光照条件下——容器 A 为全光照条件,容器 B 遮蔽半边,容器 C 遮蔽与 B 相对的半边,容器 D 全部遮蔽,如图 2.25 所示。结果在完全光照条件下的 A 组中,所有贻贝都趋于固定在容器底部,没有往上爬的趋势。而在黑暗条件下,大多小贻贝沿着容器边壁向上爬,固定在边壁上或者水面下方。这个试验表明,淡水壳菜幼体在黑暗环境中会沿着硬物表面向水较浅的地方爬动。

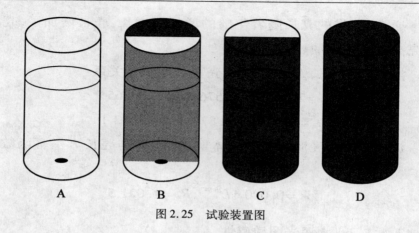

图 2.25　试验装置图

2.4.1.3　淡水壳菜湿重与耗氧率和排氨率的关系

淡水壳菜经呼吸代谢作用,消耗水中的氧,同时也排泄出氨氮等营养盐,实验室测得的不同大小淡水壳菜的耗氧率及排氨率见表2.3。由表2.3可知,除壳长15~20 mm的贝偏高外,较小的个体其耗氧率及排氨率要高于较大的个体,随着贝个体的增大,其耗氧率和排氨率呈降低趋势,O/N整体也呈下降趋势。淡水壳菜耗氧率与湿重的关系为

$$R_0 = 0.233\ 6\ W^{-0.679\ 4}, R^2 = 0.738\ 3$$

式中　　R_0——耗氧率,mg/(g·h);

　　　　W——干肉重,g。

排氨率与体重的关系为

$$R_N = 0.033\ 2\ W^{-0.7952}, R^2 = 0.805\ 6$$

式中　　R_N——排氨率,mg/(g·h)。

虽然单位质量贝类的耗氧率及排氨率较低,耗氧率小于

1.5 mg/（g·h），排氨率低于 0.15 mg/（g·h），但在输水管道中有大量的淡水壳菜聚集生长，由于其数量众多，它们所消耗的氧及排泄的氨对水质产生的影响却不容忽视，故对这种污损生物应进行更多的调查研究，并采取有效的措施控制它们的生长扩散。绝对数值上年长淡水壳菜的耗氧率和排氨率要大于年幼的淡水壳菜，但从单位体重的耗氧率及排氨率来看，幼龄贝要大于大龄贝，这说明年幼的淡水壳菜呼吸代谢更旺盛，能量需求更高，生命活动更活跃。

表2.3　不同体重淡水壳菜耗氧率及排氨率

平均体长 /mm	干肉重 /g	耗氧率 /[mg·(g·h)$^{-1}$]	排氨率 /[mg·(g·h)$^{-1}$]	氧氮比 (O/N)
8.81	0.034 2	2.67	0.65	4.08
9.34	0.037 4	1.85	0.33	5.65
13.75	0.085 5	1.43	0.24	6.00
12.71	0.067 3	1.59	0.35	4.56
16.73	0.155 1	1.14	0.20	5.65
17.68	0.104 4	1.27	0.17	7.40
20.32	0.083 3	0.80	0.19	6.27
23.53	0.220 2	0.52	0.10	5.31

2.5　环境条件对淡水壳菜的影响

淡水壳菜的生存和繁殖主要受水温、pH 值和溶解氧的影响。在南美洲巴拉圭河中，淡水壳菜密度会受水中溶解氧和 pH 值周期性变化的影响,这种情况通常发生在洪水期间。淡水壳菜的最适宜 pH 值是 6.4 以上,平时河水的 pH 值大于 6.5,但是洪水期间酸性增强,会导致淡水壳菜死亡。在阿根廷,水温则是限制淡水壳菜的主要因素,因为在 13 ~ 17 ℃时其繁殖行为停止。Daisuke[46] 做了有无曝气系统的水库中淡水壳菜幼虫动态差异研究。2005 年,日本中部的 Kabura - gawa 供水系统中发现了淡水壳菜的存在,这个系统中有两个水库:Ohshio 湖和 Takenuma 湖,前者装有保护水质的曝气系统而后者没有。曝气系统有调节水温和溶解氧的作用,因此 Ohshio 湖中常年保持对淡水壳菜幼虫生存有利的环境,尤其是在当水温适宜于繁殖的 6 ~ 10 月份,Ohshio 湖中的幼虫密度达到高峰并且远超过 Takenuma 湖中淡水壳菜密度,这也说明在日本,水温和溶解氧是控制淡水壳菜生长的两大主要因素。

2.5.1　温度对淡水壳菜的影响

当水温在 16 ~ 28 ℃时,适宜幼体生长,在此温度范围内淡水壳菜的繁殖能力强,生长速度快,而成体对温度的耐受范围为 8 ~ 35 ℃。试验中发现,水温较低(15 ℃左右)时淡水壳菜生理活动很弱,分泌物很少,在室温条件(20 ~ 25 ℃)下其生理活动较强。淡水壳菜的死亡率随温度升高而升高,夏季暴晒在外的集水井和格栅处能发现冲刷上来很多的死体,一部分原因就是水温过高影响淡水壳菜的新陈代谢从而造成死亡。不同温度时不同体重淡水壳菜的耗氧率见表 2.4[47]。

表 2.4　不同温度时不同体重淡水壳菜耗氧率

30 ℃		25 ℃		20 ℃		16 ℃	
干重/g	耗氧率/[mg·(g·h)⁻¹]	干重/g	耗氧率/[mg·(g·h)⁻¹]	干重/g	耗氧率/[mg·(g·h)⁻¹]	干重/g	耗氧率/[mg·(g·h)⁻¹]
0.034 2	2.59	0.037 4	1.85	0.037 4	1.47	0.028 4	0.94
0.067 3	2.38	0.067 3	1.59	0.067 3	1.36	0.085 5	0.91
0.132 8	1.82	0.104 4	1.27	0.117 3	0.80	0.132 8	0.81
0.220 2	1.52	0.220 2	0.52	0.186 1	0.65	0.220 2	0.80

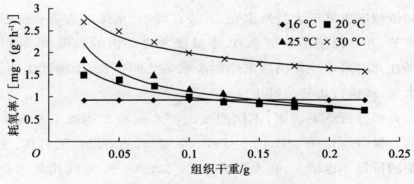

图 2.26　不同温度淡水壳菜耗氧率曲线

　　由表 2.4 和图 2.26 可以看出,在不同温度下,淡水壳菜耗氧率有较大差别,可以看到不同规格淡水壳菜在不同温度时的耗氧率情况,30 ℃时,不同大小淡水壳菜的耗氧率为 1.52 ~ 2.59 mg/(g·h);25 ℃时,耗氧率为 0.52 ~ 1.85 mg/(g·h);20 ℃时,耗氧率为 0.65 ~ 1.47 mg/(g·h);16 ℃时,耗氧率为 0.80 ~ 0.94 mg/(g·h)。在淡水壳菜生理承受范围内,随着温度的升高,淡水壳菜的耗氧率也增大,尤其是在 30 ℃时淡水壳菜呼吸活动明显强于25 ℃、20 ℃及 16 ℃时,说明当温度增高时,淡水壳菜的生命活动也越强盛,对溶解氧的需求也更高。对于较小的淡水壳菜,随温度升高其耗氧率明显增加,对于较大龄的淡水壳菜,在 16 ℃、20 ℃、25 ℃时其耗氧率变化不大,说明温度对小龄淡水壳菜的影响要大于大龄淡水壳菜。在 16 ℃时大龄淡水壳菜与小龄淡水壳菜的耗氧率比较接近,相差不大,说明在温度较低的情况下,大龄淡水壳菜和小龄淡水壳菜的呼吸活动均较低,耗氧率也都比较接近。由此可以得到一个启示,即在温度较高时,淡水壳菜生命活动较旺盛,对溶解氧的需求更多,并且小龄淡水壳菜对环境条件的依赖度更甚于大龄淡水壳菜,故在夏季,水体中溶解氧低于其他季节,并且由于是繁殖季节,小龄淡水壳菜占的数量较多,可以选择在此时采取一些措施来控制淡水壳菜的生长,如降低流速,减少水流,或进行短暂的排水放空等。

方差分析结果表明,不同温度时淡水壳菜的排氨率亦有极显著的差异($P < 0.01$ MPa)。由图 2.27 可知,随着温度的升高,淡水壳菜的排氨率也增大,在水温为 20 ℃、25 ℃、30 ℃时排氨率有较明显的差别,在 20 ℃和 16 ℃时淡水壳菜排氨率较为接近。方差分析结果表明,不同温度淡水壳菜耗氧率有极显著的差异($P < 0.01$ MPa)。温度越高,淡水壳菜的 O/N 值越小;体重越大,贝龄越长,O/N 值呈增大趋势。从 O/N 来看,随着贝体长的增加,O/N 比值呈增加趋势,随着温度升高,O/N 比值也呈增大趋势。O/N 是表示动物呼吸底物的重要参数,可表示生物体内蛋白质与脂肪和碳水化合物分解代谢的比率[48],O/N 比值越小,表明动物消耗的能量多数由蛋白质提供,少数由脂肪和糖类提供。淡水壳菜在个体小、环境温度较高时,O/N 较小,说明淡水壳菜体内蛋白质代谢率

高。由此可见,温度对淡水壳菜的生理活动影响较大,在不同温度时淡水壳菜的耗氧率及排氨率均有极显著的差异。随着温度的升高,淡水壳菜的呼吸和排泄活动加强,并且小龄贝更易受温度影响,温度升高时其生理代谢变化大于大龄贝。这也与贝类在夏季时生长繁殖较为旺盛,在冬季时生理代谢较不活跃一致。水温不但影响贝类新陈代谢的强弱,还影响饵料生物的生长与繁殖,以及有机物的分解、酸碱度的变化等,这就间接影响了贝类的生长。

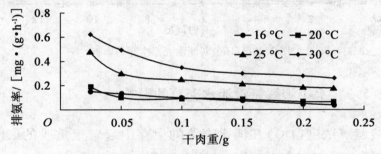

图 2.27　不同温度淡水壳菜排氨率

2.5.2　pH 值对淡水壳菜的影响

淡水壳菜对 pH 值的忍耐范围在 6.5～9,pH 值降低到 6.5 以下,或升高到 9 以上时可对淡水壳菜的生存造成威胁(图 2.28)。通过调节管道内水体的 pH 值,能够限制淡水壳菜的生长,达到清除及预防的目的,但是水体 pH 值过高或过低都会对管道内的生物作用产生影响,同时对管壁或处理设施造成损害,即使在原水管道始端投加药剂调节 pH 值,在进入水厂前还需要投加相应的药剂进行中和作用,成本也较高,因此通过控制 pH 值的方法限制淡水壳菜的可行性还需进一步探讨。

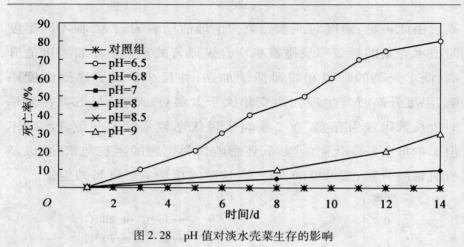

图 2.28　pH 值对淡水壳菜生存的影响

2.5.3　水中溶解氧对淡水壳菜的影响

溶解氧浓度（DO）在淡水壳菜的生存中起着很重要的影响，较低的 DO 会严重威胁淡水壳菜的生长[49]。

试验表明（图 2.29），在溶解氧浓度下降到 3 mg/L 左右时，淡水壳菜的生存开始受到威胁，逐渐下降到 2.2 mg/L 时，其死亡速率加快，溶解氧浓度下降到 1.2 mg/L 时淡水壳菜全部死亡。由此推知，淡水壳菜的耐受极限应该在 1 mg/L 左右。在条件允许的情况下，可通过降低水中溶解氧的方法使淡水壳菜死亡。但是死亡淡水壳菜会产生腐臭，将死亡个体排出后仍需冲洗管道数次方可去除异味。

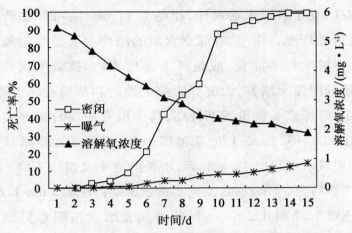

图 2.29　密闭条件和曝气条件下淡水壳菜存活情况

2.5.4　藻类浓度对淡水壳菜的影响

藻类是淡水壳菜主要的食物之一,在缺乏食物的情况下,淡水壳菜会在 4~7 d 出现大量的死亡。因此,考察原水中藻含量的变化也能反映出淡水壳菜是否能大量繁殖。本试验取原水输水管道首尾段在缓流水中做培养,测定水中叶绿素 a 的质量浓度来反映藻类的多少,根据已有公式计算,有浓缩处理需进行体积换算。计算结果如图 2.30 所示。

$$叶绿素\ a\ 质量浓度/(mg \cdot m^{-3}) = [11.64 \times (D_{663} - D_{750}) -$$
$$2.16 \times (D_{645} - D_{750}) +$$
$$0.1 \times (D_{630} - D_{750})]/\delta$$

式中　D_{750}——叶绿素 a 在 750 nm 处的吸光度;

　　　δ——比色皿光程(1 cm)。

图 2.30 显示取水头部原水水样的叶绿素 a 质量浓度为

2.58 mg/L,高于管道末端水样,相差 1.17 mg/L,可知在管道中无光照,无法进行光合作用,叶绿素含量的消耗主要是因为藻类被淡水壳菜、浮游生物等滤食,或是藻类自身死亡,被微生物分解。经过 1 个月的缓流水培养,大部分的藻类黏附和截留在培养箱内,没有被冲走,叶绿素 a 含量逐渐升高,其中也有一部分是藻类自身的繁殖。在 2.5~3.5 mg/L 浓度范围内,叶绿素 a 含量增长的速度较快,当质量浓度超过 4 mg/L 后,增长的速率又慢慢下降。在原水水流速度平均为1.5 m/s时,藻类质量浓度维持在 2.5 mg/L 左右,而当水流速度下降到 0.2 m/s 时,藻类质量浓度按照趋势能上升到 5 mg/L,可见提高水流速度和减少光照可以有效地减少藻类含量。

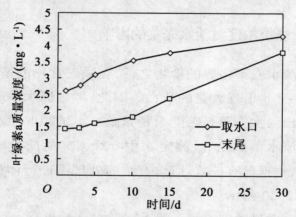

图 2.30　管道首尾段原水培养 1 个月的叶绿素 a 质量浓度变化

2.5.5　其他因素对淡水壳菜的影响

光照对淡水壳菜的生长有一定的抑制作用。在靠近水面的岸边和池壁,因为光线较强,特别是夏季,淡水壳菜生长较少,而常年水位线以下的地方,光线较弱,随着时间的累积,会形成厚度可达 3 ~ 5 cm的群体,有光照和无光照时淡水壳菜耗氧率及排氨率见表 2.5。从表 2.5 可知,在有光照的情况下,淡水壳菜的耗氧率及排氨率要大于没有光照时的值,但从方差分析结果来看,在有光照和无光照的情况下,淡水壳菜的耗氧率及排氨率差异均不显著,即光照对淡水壳菜呼吸排泄的影响不显著。

表 2.5　有光照和无光照时淡水壳菜的耗氧率及排氨率

体长范围/mm	干肉重/g	耗氧率/$[mg \cdot (g \cdot h)^{-1}]$		排氨率/$[mg \cdot (g \cdot h)^{-1}]$	
		有光照	无光照	有光照	无光照
< 10	0.037 4	1.47	0.98	0.14	0.08
10 ~ 15	0.067 3	1.36	0.53	0.10	0.08
15 ~ 20	0.117 3	1.80	0.44	0.07	0.06
> 20	0.186 1	0.65	0.37	0.05	0.05

研究发现,强光能引起幼虫的移动,改变其分布,也能造成幼虫的堆积和死亡。因此,在密封的管涵中,淡水壳菜的附着情况比一般开放式的明渠严重。

水体浊度非常有利于在输水管道上形成泥膜,利于淡水壳菜的附着。珠江广东段原水浊度最高达 250NTU,雨季与枯水季变化幅度较大,平均值为 20NTU 左右。同时,泥沙颗粒所携带的有机物亦能为淡水壳菜提供生长所需食物。

淡水壳菜滤食水中的藻类、微生物和其他有机碎屑,水中营养物质丰富将有利于壳菜的生长,流动的活水也是淡水壳菜获得稳定的食物来源不可缺少的条件。初步的研究发现,淡水壳菜在缺少食物的情况下(死水环境中),能维持 5 d 的生存,之后就会出现大量死亡的现象。

　　当水体富营养化时，虽然有大量的藻类物质作为食物来源，但是水体溶解氧含量低，也制约了淡水壳菜的生长。由此可见，淡水壳菜是较清洁水质的指标生物，不会生长在污染严重的水体中。

第3章 输水工程中淡水壳菜的危害及控制状况

3.1 淡水壳菜的分布

淡水壳菜广泛分布在南亚的淡水河流和湖泊中,对于盐度也有较好的耐受性[50]。在中国[51,52]、泰国[53]、韩国[54]、老挝、柬埔寨[55]、越南[56]及印尼[57]均有广泛分布。20世纪60年代末,淡水壳菜入侵中国香港的原水供水系统,在管道及泵房内造成污染密度达11 000个/m²,从此形成了恒久性的繁殖群体[58]。20世纪90年代初,淡水壳菜开始入侵日本的水体,1991年,由于亚洲压舱水中幼体随船运的传播,使其又在阿根廷河口定居下来,目前对当地水库已造成严重的生态影响[59]。近年来,拉丁美洲的巴西[60]、乌拉圭[61]及巴拉那河流域也受到淡水壳菜的危害。由于淡水壳菜较强的适应性和群集性,并能随船舶到其他水域,在适宜条件下迅速繁殖,这为其入侵欧洲和北美地区提供了可能性。它们所到之处不但对输水管道及水处理设施产生危害,同时会影响当地水体的生态结构,造成生态系统的破坏[62]。

在我国,淡水壳菜主要分布在湖北、湖南、江苏、江西、浙江、广东、香港、台湾等地,主要影响了市政输水管线及水处理设施的运行。淡水壳菜的大量滋生,不但缩小了输水管道的过流面积[63],而且增大了管壁粗糙率,在格栅前大量被拦截减少了格栅的过水能力。还能够堵塞泵站管路和发电站冷却水管路。同时,在取样口处造成生物淤积影响水质监测仪器的正常运行。淡水壳菜呼吸消耗水中的溶解氧,代谢过程中排泄氨氮和营养盐[64],这些在淡水壳菜大量存在的条件下对水质的影响是不容忽视的。附着在壁面的贝壳腐烂后还会产生恶臭,使水质恶化。

调查发现,淡水壳菜还能够感染双壳类,它们依靠发达的足丝附着在双壳类顶部,阻碍双壳类壳的开闭活动,并与其产生食物等的竞争关系,对双壳类的生存造成严重威胁,使双壳类数量降低,甚至灭绝[65],造成生态影响。

3.2　淡水壳菜滋生的成因分析

淡水壳菜是活性水生生物,工程运行初期以幼龄贝居多,成年淡水壳菜的迁移扩散速度非常快,淡水壳菜在迁移过程中亦会逐渐长大。淡水壳菜的大量生长所造成的危害已是全球范围的,但对于其滋生的原因仍在不断的探求中,根据对淡水壳菜的生长分布规律、水体环境变化、水体中的藻类有机物分布、生物膜多样性、水质变化规律等因素进行分析,可得出输水管道内淡水壳菜滋生的原因分析[66]。

1. 食物来源的影响

淡水壳菜以滤食水体中的藻类和有机质为生。富含藻类的水体为其生长繁殖提供良好的环境,如东江水源工程水体的三维荧光谱图表明,水体中藻类以蓝藻、绿藻为主,西丽水库出口处藻类含量较其他取样点的藻类更多,从其有机物三维荧光谱图来看,东江水源工程水体中溶解性有机物如腐殖质和蛋白质含量为多,丰富的藻类和有机质为淡水壳菜提供了食物来源。

泥沙颗粒所携带的有机物也能为其提供食物来源,对东江取水口沉积泥沙进行激光粒度分析可知,沉积泥沙的平均粒径在308~342 mm 附近,97% 的颗粒粒径小于610 mm,在永湖高位水池中沉积的泥沙颗粒,97% 的颗粒粒径小于 16.233 mm,平均粒径为8.202 mm,可见输移过程中,随着泥沙颗粒的逐渐下沉,较大颗粒已沉降截留,沿途水体中悬浮沙粒粒径逐渐变小。泥沙颗粒所携带的有机物亦能为淡水壳菜提供生长所需食物。

此外,管壁生物膜中微生物种群结构具有多样性[67],可能成为淡水壳菜的摄食对象,例如在东江水源工程沿途水中的微生物和西丽水库隧洞洞壁生物膜中的微生物,多属于变形杆菌、甲基菌属、节杆菌属、微囊藻类、聚球藻类、草酸杆菌科,这些都是给水中常见的安全微生物。生物膜中微生物群落比水中微生物群落更具多样性,微生物含量要更多,大量的微生物都可成为淡水壳菜的摄食对象。

2. 水质的影响

原水的输送管道内水质通常较好,沿程水质变化不大,且管道全封闭能较好地阻挡外界污染,为淡水壳菜生长提供良好的环境条件。

3. 管道内流速的影响

长距离输水管道流速较低对淡水壳菜附着有利。通过调查研究发现,淡水壳菜的附着数量与流速存在一定的关系,见表3.1,在流速小的管段,淡水壳菜附着数量较多,而流速大的管段,生长的淡水壳菜较少。从表3.1中可以看出,当流速大于1.2 m³/s时,管壁上附着的淡水壳菜数量较少,由此,通过流速的控制来去除淡水壳菜的方法也值得进一步研究。

表3.1 淡水壳菜附着数量与管内流速的关系

管内流速/(m³·s⁻¹)	0.5	0.7	0.8	1.2	1.3
单位面积淡水壳菜的附着数量/(个·m⁻²)	1 000~1 500	200~600	300~1 000	50~200	50~200

3.3 对管道输水能力的影响

淡水壳菜在流动的水中不断改善通气与营养情况,并且在生活过程中积累的排泄物和淤泥会融入水中。在幼贝生长的同时,老龄贝逐渐死亡,但牢固黏附着不动,因此使淡水壳菜越积越多,影响管内输水能力和输水水质。

通过调查2007年至2010年每年取水头部的泵站输水量与水压变化发现,若输送的水量从 9.0×10^5 m³/d 增长到 9.6×10^5 m³/d,增幅约 6.3%,泵组平均压力从 0.32 MPa 增长到 0.37 MPa,增幅为 15.6%,压力增幅量大于输水量。从中选取每年 10 月份 31 d 在线监测结果,分析得到每小时输送千立方米水所消耗的电量数据和配水单位电耗数据,如图 3.1 所示。

$$配水单位电耗 = \frac{千立方米水电耗}{泵组平均压力}$$

　　由图 3.1 可知,每小时输送千立方米水所消耗的电量数据和配水单位电耗数据在 2007 年和 2010 年呈持续上升趋势。2007 年每千立方米平均电耗为 113 kW·h,而 2010 年升高至 125 kW·h,增幅达到 10.6%。而平均配水单位电耗从 2007 年的 315 kW·h 上升到 2010 年的 348 kW·h,增幅为 10.48%,与千立方米水电耗值非常接近。

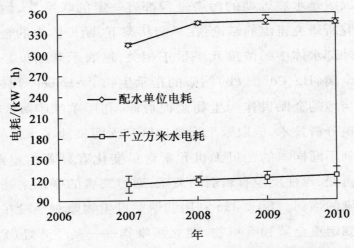

图 3.1　2007～2010 年每年 10 月份泵站千立方米水电耗量

　　这说明基本输水流速变化不大,那增长的 10.5% 左右的电能绝大部分是用于沿程阻力的消耗,而最有可能的就是管内粗糙系数的增大。淡水壳菜容易在水流较缓处和管道转弯处堆积起来，减小输水截面积，增大沿程阻力，严重地堵塞管道。

3.4　淡水壳菜对水环境的影响

淡水壳菜等贻贝科水生生物的存在对环境污染毒理效应的研究具有重要的意义，使用贻贝监测金属和有机污染物浓度是一种广泛应用的技术。大量试验研究和实地调研表明，贻贝是滤食生物，且在水体中不大范围地迁徙移动，对污染物的富集能力强，是一种良好的指示生物[68]。其体内的污染物含量和实际的水环境的污染状况或是水域近期的污染过程都有一定的联系[69]，例如黄海水产研究所研究得出的结论：在平衡状态下，贻贝体内的金属物质浓度与外部水体中的浓度几乎呈正相关，这表示紫贻贝是比较理想的重金属（Hg、Cd[70]、Pb）污染的指示生物[71]；Izabel 等科学家选取巴西当地的金贻贝作为生物监控目标，利用单细胞凝胶电泳分析和彗星分析技术，选取数个污染地区和无污染地区水体样本，结果检测到不同样本的贻贝无机元素含量变化有显著性差异，因其与基因诱变、毒性反应有较弱的关系，通过二者的联系来评价遗产毒性污染的强弱。J. H. Liu 利用翡翠贻贝生物监测手段在香港沿岸水域测定重金属和有机物，建立污染物——多环芳烃（PAH）分布的空间格局[72]。

利用贻贝作为指示生物，要特别注意其对污染物的适应性和对环境的侵染性[73]，Pastorino 提到贻贝是 1991 年引进南拉丁美洲,在当地以极快的速度适应并繁衍开来。在温暖潮湿的气候和适宜的水质条件下,淡水壳菜总能快速地生长。在密西西比河,北美五大湖区,南美洲巴西地区都存在着有关淡水壳菜覆盖河流水域问题的调查。在 Hebert 首次发现贻贝对双壳类生物的感染问题,作为对当地生态具有严重影响的入侵生物[74],淡水壳菜以其巨大的繁殖量和较强的侵占性引起了人们对其的重视[75]。当输水管涵停水放空后,附着在积管壁上的淡水壳菜会大量死亡,产生腐臭影响水质,也增加了检修难度,加大了检修投入[76]。淡水壳菜在南美某些河流中以 25 km/年的速度蔓延开来,减小了正常的航运空间,甚至堵塞河道[77]。另外,淡水壳菜能分泌一种酸液可溶解石灰石,以凿洞穴居,对混凝土有一定的危害。许多学者指出,淡水壳菜凭借分泌的足丝牢固地附着在双壳类壳表面,对蚌类等生物的生存构成严重威胁,导致其数量下降,甚至灭绝[78]。从 1990 年至今,有研究者围绕淡水壳菜的形态、分类、繁殖、生活史、对附着物选择性的机理、对宿主的影响、摄食模式、种群变动等进行了大量的研究。同属于贻贝科下的紫贻贝与淡水壳菜极其相似,也同样给人们带来诸多的问题。据报道,在英国新英格兰电厂一年可从输水管道挖出多达 266 t 的紫贻贝;据 1980～1988 年统计,在我国黄岛电厂输水管道内附着的贻贝厚度达 300～500 mm,清理就达40 余次;即使大连第三发电厂和华能大连电厂在循环水管内涂优质沥青防污漆,并且在取水口处进行加氯处理,也不能阻止水室管板处的海藻、贝类附着,需要定期清理污损生物[79]。这些贻贝科生物在江河湖海内、输水管道中附着生长,不仅会增加管道内壁的粗糙面,缩小管径(甚至完全堵塞),影响供水和冷却效果,造成管壁的局部腐蚀,还可导致管壁穿孔,管道内脱落死亡的生物甚至会堵塞阀门,引起各种机械故障。据测量分析,连续 2 ~ 3 年不清洗管道,淡水壳菜生物量剧增并将缩减有效管径的 5%[80]。因而水利部门、电厂等每年都要在清除污损生物上花费大量的人力物力资源,以排除安全隐患。

3.5 淡水壳菜对水质的影响

在研究淡水壳菜对原水水质的影响时,主要考察了浊度、溶解氧、pH 值、COD、氨氮、亚硝酸盐氮、硝酸盐氮、总磷这 8 个指标,在静态水中考察 20 个/L 的种群密度所产生的水质变化影响,在循环水中考察 5 个/L 的种群密度所产生的水质变化影响。见表 3.2。

表 3.2　淡水壳菜生长前后水质无较大改变的指标

	原水	淡水壳菜静水中生长 10 d	波动范围
pH 值	7.4	7.28	7.2 ~ 7.5
DO/(mg · L^{-1})	9.34	8.71	8.7 ~ 9.4
浊度/NTU	11.26	19.02	11 ~ 20
总磷/(mg · L^{-1})	0.032	0.022	0.02 ~ 0.03

随着时间的增加,pH 值略有降低,考虑空气中酸性物质在水中的溶解,一周内变化也很大,在动态水流下淡水壳菜的影响更微小;溶解氧浓度降低了0.7 mg/L,但总体上含氧量还是很高;总磷含量较低,略有下降;试验处于阴暗处,避免阳光直射,因此藻类繁

殖较少。通过试验发现,其中浊度、pH 值变化不大,受原水本来水质制约,生物影响较小,总磷略有下降,溶解氧由于是敞开式培养所以测量结果差异小,也无规律。这 4 个指标都随着原水变化而变化,受到水温、降雨量的影响较大,短期内受到生物影响较小。

(1)水中高锰酸盐指数含量变化。

图 3.2 为淡水壳菜在静水环境和循环水环境下,同时生长10 d,测 6 次高锰酸盐指数的曲线。

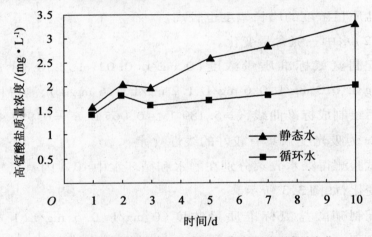

图 3.2　淡水壳菜在静态水和循环水中高锰酸盐含量变化

图 3.2 中数据表明,第 1 d 取得的原水高锰酸盐质量浓度在1.5 mg/L 左右,第 2 d 静态水和循环水中的高锰酸盐质量浓度都有所增长,为 0.4 ~ 0.5 mg/L,第 3 d 又同时略微降低了 0.1 ~0.2 mg/L,之后随着时间的延长,高锰酸盐质量浓度逐渐增大,到第10 d静态水中增大近 2 倍,循环水中增大近 1.5 倍。在此过程之中,淡水壳菜有死亡现象,第 10 d 死亡率分别为18.3%和14.9%左右。试验中,藻类含量可忽略不计,淡水壳菜依靠有机物碎屑、少

量无机盐为生,同时自身也产生有机废弃物。无长流水环境,淡水壳菜缺乏食物补充,依赖原储存的营养可维持两三天的生命活动,第1 d、第2 d高锰酸盐质量浓度是增加的,到第3 d必须摄取食物,故而高锰酸盐质量浓度有所下降,到第4 d死亡数量增多,死亡个体排出内部的软体组织,细胞破裂,有机物的排出量超过了吸收量,所以高锰酸盐质量浓度呈平稳增长趋势。静水中淡水壳菜的种群密度比循环水中的种群密度要高,并且死亡率也较高,所以高锰酸盐质量浓度的增长幅度也较高。

（2）水中三氮含量变化。

配制氨氮标准质量浓度（0 mg/L、0.02 mg/L、0.08 mg/L、0.2 mg/L、0.3 mg/L、0.6 mg/L、1.2 mg/L、1.6 mg/L）,测得相应吸光度后绘制成标准曲线,$y = 5.189\ 1x - 0.065\ 6$,$R^2 = 0.999\ 4$（y 为浓度,x 为吸光度）,具有较好的线性规律。

试验测得淡水壳菜分别在静水和循环水中10 d内氨氮质量浓度的变化,如图3.3所示。

配制硝酸盐氮标准质量浓度（0 mg/L、0.5 mg/L、1 mg/L、3 mg/L、5 mg/L、7 mg/L、10 mg/L）,测得相应吸光度后绘制成标准曲线,$y = 14.244x - 0.302\ 2$,$R_2 = 0.999\ 3$（y 为浓度,x 为吸光度）,具有较好的线性规律。

试验测得淡水壳菜分别在静态水和循环水中10 d内硝酸盐氮质量浓度的变化,如图3.4所示。

配制亚硝酸盐氮标准质量浓度（0 mg/L、0.001 mg/L、0.005 mg/L、0.01 mg/L、0.02 mg/L、0.05 mg/L、0.1 mg/L、0.2 mg/L、0.3 mg/L）,测得相应吸光度后绘制成标准曲线,$y = 0.282\ 4x - 0.002\ 8$,$R_2 = 0.999\ 9$

（y 为浓度，x 为吸光度），具有较好的线性规律。

试验测得淡水壳菜分别在静态水和循环水中 10 d 内亚硝酸盐氮质量浓度的变化，如图 3.5 所示。

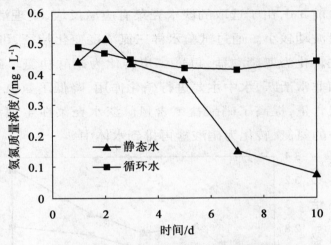

图 3.3　静态水和循环水中氨氮质量浓度变化

从图 3.3 中可以看出，静态水中淡水壳菜 20 个/L 种群密度下，氨氮质量浓度从 0.44 mg/L 上升到 0.52 mg/L 再一直降低至 0.07 mg/L，变化很大，特别是第 5 d 以后下降十分迅速。而在循环水中，淡水壳菜 5 个/L 的种群密度下，氨氮变化不明显，数据相差最大只有 0.075 mg/L，氨氮浓度比较稳定。

从图 3.4 中可以看出，静态水和循环水中的硝酸盐质量浓度总体趋势是随着时间的延长而增大，到第 10 d 为止，分别升高了原来的 26% 和 12%，静水中硝酸盐浓度增长速率大于循环水中的硝酸盐浓度增长速率。在静态水中与氨氮对应，相反的是在第 5 d 以后硝酸盐的浓度升高得十分迅速。

而图 3.5 所示的亚硝酸盐浓度变化波动比较大,无明显的线性趋势,第 10 d 与第 1 d 比较,静水中亚硝酸盐质量浓度降低了 0.4 mg/L,在循环水中亚硝酸盐质量浓度仅降低了 0.2 mg/L。

试验前 3 d,由于选取的淡水壳菜有应激反应,生理活动较少,三氮含量波动较小。通过试验水样三氮浓度变化特征,可知前 3 d 氨氮首先转化为亚硝酸盐,再进一步转化为硝酸盐氮。到第 5 d,硝化细菌非常活跃,水中主要进行硝化作用,降低了氨氮含量和亚硝酸盐氮含量,提高了硝酸盐氮含量。淡水壳菜在生理活动中会吸取水中的氨氮,转化为硝酸盐再排到水体中。

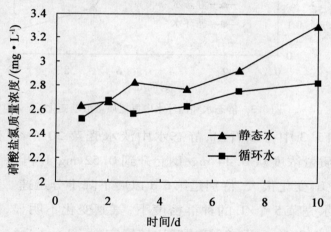

图 3.4　静态水和循环水中硝酸盐氮质量浓度变化

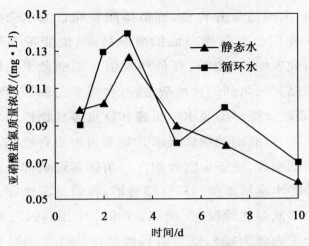

图 3.5　静态水和循环水中亚硝酸盐氮质量浓度变化

3.6　国内外淡水壳菜控制方法

淡水壳菜在世界范围内已造成越来越多的危害,人们对淡水壳菜的控制技术也在不断探索和研究中。

淡水壳菜特殊的生理特征为其防治提供了一定的思路,可根据其不同的生理时期,采取相应的治理措施,在不影响水生态的前提下,提高治理效率和经济效益。国内外已逐渐发展起一些生物、物理及化学等防治方法。

3.6.1　生物方法

对于水源地中已经产生淡水壳菜危害的地区,可采取生物抑制的办法,在水源地放养青鱼、鲤鱼等能够捕食淡水壳菜的鱼类,这些鱼类在我国已有养殖方面的成熟技术,也能带来经济效益。张重祉等研究表明,三角鲂、青鱼和鲤鱼分别栖息于水体的中层、中下层和底层。三角鲂的食性杂,尤喜食淡水壳菜[81];青鱼是杂食性鱼类,主要吃食螺蚌类及水生蚯蚓和昆虫等动物性饵料;鲤鱼也是杂食性鱼类,以底栖动物如淡水壳菜等为主要食物;青鱼和鲤鱼都有坚实的咽喉齿,适于压磨食物。三角鲂和鲤鱼都是黏性卵,都可在水库等静水水域繁殖形成自然种群;青鱼是沉性卵,无法在水库等静水中形成自然种群。[82]所以,在水库中混养这三种鱼(三角鲂和鲤鱼为主青鱼为辅),既可有效控制淡水壳菜的数量,又可获得较大的经济效益,Maeisaae、Martin 和 Corkum 也观察到了三角鲂能控制 ≤14 mm 的淡水壳菜,青鱼和鲤鱼可控制 24 mm 的淡水壳菜,但当投喂大小壳长不等的过量淡水壳菜时,都偏向先食用最适宜壳长的淡水壳菜。[83]本试验在人工控制条件下只投喂淡水壳菜,各种鱼对食物的选择性并未体现出来。在源头水库进行生物控制淡水壳菜的实际操作中,可在其放养前用淡水壳菜进行驯食以减小鱼对食物的选择性。因此,根据三种鱼的平均食量和繁殖规律以及放养水体中淡水壳菜的大致数量等,如何确定三角鲂、青鱼和鲤鱼的放养规格、放养比例和放养密度还有待于进一步研究。此外,钝吻兔脂鲤、三角鲂、鲇鱼、卷口鱼等也能够捕食淡水壳菜的幼体,有效防止其大量繁殖。针对具体水源,放养鱼类和放养模式需结合当地自然、社会条件确定。还可采用激素控制的方法,淡水壳菜产卵需要适宜的温度和食物条件,且性成熟体会分泌出特定的物质刺激其他个体的排放,例如斑马纹贻贝繁殖期会分泌出一种血清素刺激产卵。研究者提出构想：在食物来源不充分和温度适宜时期，向水源中投放刺激贻贝排放的化学激素，使其排放。产生的幼体难适应温度、食物等环境条件而难以生存，而到了适宜繁殖季节，母体一般不能再排卵。因此，此法可从很大程度上降低贻贝的繁殖，但由于涉及化学或生物激素，需寻找只对淡水壳菜生殖产生刺激作用，而不对周围环境及生物和人类产生不良影响的物质。

3.6.2　物理方法

1. 防附着

供水管道内壁材质多为水泥砂浆，粗糙度较大，有利于淡水壳菜的附着。可通过刷涂料、贴光滑磁片等方法提高壁面光滑度，减少淡水壳菜的附着，起到较好的预防作用。防贝涂料可提高壁面光滑度，同时释放金属元素抑制藻类滋生，减少淡水壳菜的食物，能起到较好的预防作用。经过毒性测试，不影响饮水健康的防附着涂料可广泛使用。目前管道内涂料主要有聚乙烯类及环氧类，但是涂料后的防附着效果以及涂料本身对水体安全性的影响还有待于进一步研究。

2. 增设预处理设施

控制淡水壳菜的最根本方法是预防，防止其进入管道内。在取水口设置滤网，可截留大部分的成体，对于无法截留的幼虫，可再增设砂滤池，阻止淡水壳菜的幼体进入。淡水壳菜幼虫时期体长较小，一般幼虫体长只有几百微米，成体壳长可达几十毫米，所以一般的滤网可有效地隔离成体，但对于体长远小于滤网孔径的淡水壳菜的幼虫却无效果。实际应用中，能够滤过的幼虫大小受滤速、砂层厚度等的影响,而且需要及时清除砂滤池的堵塞物,防止堵塞。为了控制穿过滤网进入输水系统的淡水壳菜幼体,可在进水口之后设置砂滤池,幼体可随水中悬浮物淤在砂滤池中,从而降低进入管道的威胁。根据娄康后等的试验,当粒径小于0.42 mm的砂层厚度达到3 cm,过滤速率达1.8 $m^3/(m^2 \cdot h)$,体长65 μm的幼体即不能通过。在实际应用中,过滤速率以及滤过幼虫大小受沙面上方水柱高度的影响,同时随砂层厚度变化,需合理选取砂粒粒径,控制砂滤池流速及水量,及时清除砂滤池堵塞物。除此方法外,也可利用膜分离工艺去除幼体,此工艺具有高效的分离固液和截留水中杂质的能力,出水水质好,在原水处理环节应用较多。[84] 膜分离工艺有普通过滤、微滤、超滤、纳滤、反渗透等几种。淡水壳菜幼虫个体大于10 μm 采用普通过滤即可将大量幼体去除。

3. 人工及机械清除

在管道检修期间,待管道内积水放空后,使淡水壳菜自然脱水死亡,然后采取人工清除或利用辅助机械将其刮除的办法。但该法的成本比较高,检修期较长。该方法对于无法长时间停水的管段并不适用。

4. 离水干燥法

在干热缺水环境下一段时间后,淡水壳菜会死亡脱落[85],未脱落的可刮除,将残骸收集起来集中处理,避免其进入其他水体,恢复生存能力。此方法需寻求气温、相对湿度、淡水壳菜繁殖时期等要素之间的平衡,以确定最佳的杀灭时间。但对于长供水管道,采用此法需要长时间断水,会带来巨大的不便和经济损失,故一般不适用。对于有周期性涨落且低水位时间能够达到淡水壳菜死亡时间要求的外界水体以及处于供水低谷的短流路输水系统,此法可取得良好效果。淡水壳菜对干燥的忍耐力随壳长的增加而增加,在实验室条件下,杀灭较小的淡水壳菜(小于 6 mm)需要 72 h;杀灭6~15 mm的淡水壳菜需要 192 h;而杀灭 15~27 mm 的淡水壳菜需要 276 h。在干热缺水的环境下,一段时间后,淡水壳菜会自然死亡脱落。

5.高温水浸泡喷淋法

淡水壳菜在高温水环境中生命活动受到限制,采取高温热水浸泡或水蒸气熏蒸的方法可杀灭淡水壳菜幼虫及成体。

对于热水供应方便且经济的系统,可考虑应用此方法。该方法不适用于自然水体。

7.水流控制法

淡水壳菜的运行能力很差,当水流速度大于某一值时,淡水壳菜一般不能生存,根据向元龙的观测,该值为 2 m/s。故可控制水流速度来防止淡水壳菜的附着,并破坏其正常生活的水流条件,抑制淡水壳菜的生长。而且,水流速度更高时还可将已附着的贝体冲出管道。

8.生存环境控制

根据淡水壳菜的生理特征,分析淡水壳菜的环境适宜性指数,结合生活用水安全规范,采用一定的措施(如停水、缺氧、升温等),调整环境盐度、温度、湿度、光度等,改变其正常的生活环境,以影响其生长和繁殖。需要调查当地气温数据以及淡水壳菜的繁殖期、水文信息,作为调节繁殖期水温的控制依据。

除以上常见的控制淡水壳菜的措施外,研究学者还提出了一些其他设想,如采用紫外线照射、施加电流或电压,利用电磁、超声波处理等方式杀灭淡水壳菜或破坏其生存环境,抑制其附着繁殖。

综上所述,大部分物理方法操作复杂,因素限制较多,可行性差。采用防附着涂料的办法仅适用于新建的管道;增加预处理设施工程量大,成本较高。因此这些方法并未得到广泛应用。

3.6.3　化学方法

1. 足丝溶解法

由于淡水壳菜依靠分泌的足丝附着在管壁上,因此其死亡后仍能附着在管壁上不脱落,需要采取一定的措施溶解其足丝,使其脱落。淡水壳菜的足丝是由蛋白质、氨基复合物等组成的,不易溶解,可利用某些化学抑制剂阻碍酶的活性,让足丝溶解,降低其附着能力,将其冲出输水管道。可以选择安全可靠的化学药剂使淡水壳菜的足丝全部或部分溶解,加快其脱落。

2. 化学药剂杀灭法

能够用于杀灭淡水壳菜的药剂很多,如氯、臭氧、硫酸铜、氧化铜、钾盐、石灰和各种杀贝剂等,但考虑到供水的安全性,很多药剂无法用于饮用水中的处理。采用氯消毒剂杀灭淡水壳菜应用较广泛,效果较好,但淡水壳菜在杀灭期间常关闭双壳。在间歇性加氯的方式下,未被杀死的淡水壳菜则重新移入原水中且恢复生命活动;而持续加氯效果比较好。刘丽君等通过试验分析比较了液氯和次氯酸钠对于淡水壳菜的杀灭效果,达到相同的杀灭效果,氯所需的时间要比次氯酸钠短。国外一般是采用化学药剂杀死淡水壳菜。聚季铵碱(AFP)是一种有效抑制淡水壳菜而不影响水质的化学试剂,还有某些生物制剂也能起到抑制淡水壳菜的作用。药剂控制简单易行,但其有毒成分可能造成水体的污染,应慎重选择。

与物理方法相比,化学方法对于淡水壳菜的控制具有时间短、见效快的特点,但受水体安全要求的影响,药剂选择及投加量成为目前研究的重点。所需药剂应在较短时间内达到杀灭或抑制淡水壳菜的目的,同时药剂浓度不能影响水质的安全。

将三类对淡水壳菜的控制技术进行比较,见表 3.3。

表 3.3　常见淡水壳菜控制技术比较

控制技术	优　点	缺　点
生物方法	源头控制,从根本上控制淡水壳菜的生长繁殖,达到预防的目的	所选鱼类受当地经济、社会条件限制,见效慢,成本高,且不能够完全阻止淡水壳菜进入输水管道
物理方法	增设预处理设施和采用防附着涂料可起到预防的作用,不对水质造成二次污染	大部分控制措施操作复杂,受因素限制较多,成本较高,仅处于理论可行阶段
化学方法	药剂种类多,时间短,见效快	对水质安全存在威胁

目前,国内外研究人员也提出了一些新的淡水壳类治理思路,如采用压力管道输水,双管运行;研究诱捕器来诱捕幼体等;这些方法的适用效果需进一步研究。

由于目前所提出的方法大部分成本较高,操作复杂,受饮用水安全的制约,许多方法无法应用,因此本章对淡水壳菜的杀灭技术进行了深入的探究,力求寻找出经济可行的技术方案。

国内外学者经过多年努力,提出了一些控制淡水壳菜入侵的措施,但治理费用高,且可能产生不可预见的影响(详见表3.4)。对淡水壳菜污损的防治经验表明,一旦其侵入,则没有任何补救措施可以消除它们,因此阻止其入侵至关重要;有效的防治措施必须基于淡水壳菜本身的运动、附着及入侵特性。

表3.4 对国内外已有的淡水壳菜入侵及污损的防治方法的评估

防治方法	应用范围	效果评估
输水工程进口设置滤网[32]	国内外均有应用	易被淡水壳菜堵塞失效,防治效果不佳
采用砂滤池过滤[80]	国内试验	过水能力低,难以应用于大流量输水工程,实用性差
加大输水流速冲刷淡水壳菜使其脱落[82]	电厂冷却管	易造成输水管道气蚀,风险性大
管壁防附着涂料[29]	国内试验	造成水质污染,且经济性差
降温或升温、电磁、超声波处理、降低水中溶解氧量等方法[83]	南美、日本、中国试验	可操作性差,且经济性差
输水管线离水干燥[84-85]	南美、中国试验	可用于小型输水管线,难以适用于长距离输水管线
输水管线封闭缺氧[43]	深圳、香港试验	可用于小型输水管线,难以适用于长距离输水管线
高温水冲刷[88]	中国香港试验	仅可用于热水供应方便的输水系统,推广性差
化学杀虫剂[89]	日本试验	造成水质污染,价格昂贵
淡水壳菜足丝溶解[90]	南美、中国试验	淡水壳菜足丝断裂后可重新分泌足丝附着,效果不佳
人工或机械刮除	国内外广泛使用	破坏输水管线壁面,淡水壳菜密度迅速恢复,效果不佳

续表 3.4

防治方法	应用范围	效果评估
使用化学制剂感染繁殖活动[91]	美国试验	对环境造成污染,或者其他不可预测危险的风险高
鱼类捕食、竞争[92]	日本试验	控制力度不足

3.6.4 淡水壳菜入侵防治系统

基于淡水壳菜的入侵、附着、幼虫的沉降及在脉动水流中的死亡特性,可设计集引诱附着、沉降池沉降及高频湍流灭杀为一体的水力学系统防治淡水壳菜入侵。如图 3.6 所示,该系统设置于水流进入输水系统之前,结合淡水壳菜附着特性,创造适宜的栖息地环境吸引其在此附着,同时在该段放养淡水壳菜的捕食鱼类,控制附着段密度。在附着的淡水壳菜达到性成熟前替换附着材料,避免其在此繁殖。在附着段下方设置沉降段,使得大量幼虫沉降在该段,并定期清理。对于从沉降段逃逸到下游的少量幼虫则通过脉动段杀灭,以尽量防止活体幼虫进入输水系统。脉动灭杀段可以采用大型气泵创造气幕段杀灭幼虫,也可通过一定的水力学方法创造高频脉动场。例如水流通过一定的孔板结构,在其后方形成的脉动场能够对幼虫进行灭杀,该方法与泵气相比能耗更低[93]。

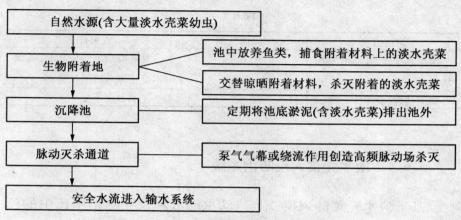

图 3.6　淡水壳菜入侵防治系统

3.6.5　实验室控制

3.6.5.1　化学药剂杀灭

利用化学试剂对淡水壳菜进行灭活是最普遍的控制方法。有关的研究也比较多[94],药剂包括氯、过氧化氢、高锰酸钾、臭氧、石灰、硫酸铜和各种杀贝剂等 40 余种[95]。

氯是目前最常用的杀灭药剂[96]。对于淡水壳菜附着情况严重的原水输水管道,Morton 等用质量浓度为 200~400 mg/L 的氯连续处理 6 d,灭活率可达 50%,随后在管道中保持 1 mg/L 的余氯 11 d,杀死剩余的淡水壳菜。经过前面的处理后,管道中保持 0.5 mg/L 的余氯量即可防止其在管道中附着生长。但是,初始投加的氯量不能太高,否则会产生大量的消毒副产物,余氯会超过入厂水水质标准,并且钢管管壁腐蚀反应会加强,在实际生产中要得到重视和做好应急处理的准备。

武汉造纸厂和中国科学院曾在各沉淀池投放 20 μg/L 的五氯酚钠处理淡水壳菜 24 h，可达 90% 以上的杀灭率，见效快。但对于饮用水而言，五氯酚钠是严格控制的污染物，不建议采用。

还有些新药剂逐渐用于杀灭淡水壳菜，例如聚季铵碱和生物制剂都能起到有效抑制淡水壳菜生长的作用。药剂控制虽经济、方便，但其有毒成分可能造成环境污染，故用量上应严格控制。

3.6.5.2　降低黏附力

考虑到促使淡水壳菜从管壁脱落也能起到控制的目的，有些专家研究的目光就放在了化学药剂对淡水壳菜的足丝溶解作用上。Ohkawa 对淡水壳菜足丝的物理性质、分子结构以及人工合成等方面进行过详细的研究，结果表明，淡水壳菜的足丝蛋白更趋向于吸附在非极性表面。而 Koen 和 Fushoku 等学者的研究表明，对于海洋类贻贝足丝蛋白的不溶性特性，酪氨酸酶在其中起较重要的参与作用。罗凤明等提出的在众多氧化剂中唯有次氯酸钠能较好地溶解足丝的观点有较高的参考价值，在之后试验研究中需要得到进一步验证。

3.6.5.3　超声波清洗

超声波清洗主要是利用超声波在液体传播过程中引起的空化作用，在极短的时间和极小的空间内，产生高温高压。在空化作用下，液体分子激烈碰撞产生非常强大的冲击力，对于浸入超声波作用下的液体中的物体外表面具有超乎寻常的清洗作用。另外，由于超声波具有很强的穿透能力,所以对物体(如管件)内表面也能进行一定程度的清洗。实验室内,可将依附着淡水壳菜的物体放入超声波清洗器中,进行清除。以上提到的各种处理方法各有各的优缺点,适用于不同的环境和处理要求。在输水工程中建议预先埋设双管道,在淡水壳菜繁殖期内交替运行使用。

除以上提到的杀灭去除淡水壳菜的常用方法外,还有一些其他有待研究的方法[97],如可以将酶的水解作用利用在输水管道中淡水壳菜的去除上。在各种类型的酶中,水解酶的防污研究最为广泛。水解酶能够催化脂键、糖苷键、醚键、肽键、酸苷键及其他C – N 键共 11 个亚类的水解反应,常见的有蛋白酶、淀粉酶、脂肪酶等。水解酶主要通过 4 个途径实现其防污作用:①分解生物膜中的高分子聚合物,主要是 EPS;②分解生物信息交换的群感效应信号分子;③直接分解污损生物分泌并用于附着的胶质;④促进材料中防污物质的释放。[98]Pettitt 研究了包括脂肪酶、纤维素酶、葡萄糖淀粉酶、混合酶等 24 种酶的防污效果。其中丝氨酸蛋白酶在防止绿藻孢子和藤壶幼虫附着方面具有最佳效果。Nick Aldred 利用原子力显微镜研究了丝氨酸蛋白酶对藤壶胶质的分解作用,结果显示蛋白酶作用 600 ~ 1 400 s 后,胶质的黏附力从 340 pN 降至 150 pN,随后附着力直线降至 0。蛋白酶(Alcalase)作用 26 min 后藤壶幼虫分泌的胶质就可被完全分解。研究还发现蛋白酶对藤壶幼虫的活动如游动速度、移动距离、移动角度都没有影响。

利用酶作为防污材料为我们提供了一种新的生物污损防除方法,它的应用适应了目前环保型防污材料的需求,目前关于酶对于淡水壳菜的去除效果的报道还很少,还需要进一步研究。

第4章 氧化法控制淡水壳菜

4.1 单一氧化剂对淡水壳菜的杀灭技术

4.1.1 高锰酸钾对淡水壳菜的杀灭

高锰酸钾的氧化性非常强,世界上许多国家都在利用高锰酸钾进行水处理实践与研究,而且所取得的成果非常令人瞩目,在给水处理中,高锰酸钾可去除水中二价铁、锰离子,将高锰酸钾应用于去除水中的锰、铁等,效果非常迅速、明显,而且成本低,操作简易。其次,高锰酸钾可去除水中的有机物,能够在非常大的程度下降低水中部分物质的色谱面积,对于部分污染物甚至可以起到完全、彻底的去除效果。第三,高锰酸钾可以降低三卤甲烷以及其他有机氯化物的生成量,有外国人员利用高锰酸钾氧化与铝盐混凝相结合去除卤仿前质的结果表明,水中天然腐殖酸的含量、高锰酸钾投加量、原水酸碱值和反应时间等都影响高锰酸钾氧化去除卤仿前质的效能,条件不同时,高锰酸钾氧化可使卤仿含量降低35%~95%。最后,高锰酸钾还可控制饮用水中的嗅味,在美国,高锰酸钾主要被用来去除饮用水中的嗅味。高锰酸钾单独作用能够氧化水中多种有嗅味化合物,一般高锰酸钾的投加量在0.5~2 mg/L即足够去除水中的嗅味[99]。

如果将高锰酸钾用于对淡水壳菜的控制,就可以在净水的同时,杀灭输水管道中的淡水壳菜。以下内容为高锰酸钾用于输水管道中淡水壳菜的杀灭提供了依据。

4.1.1.1 不同浓度的杀灭效果

高锰酸钾浓度不同,对淡水壳菜的杀灭效果也不同,通过设置浓度梯度,探究最适宜的高锰酸钾浓度。

试验在室温条件下(16 ℃左右)进行,高锰酸钾质量浓度分别为:0.5 mg/L、1 mg/L、1.2 mg/L、1.5 mg/L、1.8 mg/L、2 mg/L、3 mg/L、5 mg/L。每天记录淡水壳菜的死亡情况。以15 d为一个周期,试验结果如图4.1所示。

由图4.1可知,对照组在试验期间无个体死亡。淡水壳菜在质量浓度为0.5 mg/L的高锰酸钾溶液中开壳率较高,能够分泌足丝附着在杯壁上较好地生存,经过15 d,并无死亡。当接触质量浓度为1 mg/L以上的高锰酸钾溶液时淡水壳菜基本不进行足丝的分泌,开壳率较低。在质量浓度为1 mg/L的溶液中死亡率较低,15 d只有10%的个体死亡;接触质量浓度为1.2 mg/L以上的高锰酸钾溶液,死亡率明显增加,并随高锰酸钾质量浓度增加而增加。在质量浓度为1.2 mg/L的高锰酸钾溶液中,达到100%死亡,需要

15 d;在质量浓度为 1.5 mg/L 的高锰酸钾溶液中,死亡率最高,全部死亡需 11 d;浓度继续升高,在质量浓度为 1.8 mg/L 的高锰酸钾溶液中,死亡速度稍有下降,需要 13 d;淡水壳菜接触质量浓度为 2 mg/L 以上的高锰酸钾便紧闭双壳,进行自我保护,在前 8 d 里基本没有死亡,从第 9 d 开始陆续死亡,随着浓度继续增加对死亡速率并无太大影响,均在第 15 d 达到 100% 死亡。

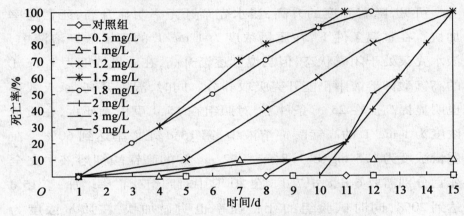

图 4.1　不同浓度高锰酸钾对淡水壳菜的杀灭效果

　　由试验可以推断,淡水壳菜在恶劣环境中具有闭壳自我保护的能力,闭壳可达一周左右,此后,待自身营养物质消耗殆尽,不得不开壳接触高浓度氧化剂,逐渐死亡。此时,增加药剂浓度并不能加速死亡。死亡速率与淡水壳菜的闭壳保护时间有较大关系,与药剂浓度关系不大。高浓度下后期死亡速率虽较快,但结合前期投药时间,经济上并不可取。因此,在实际操作中没有必要投入较高浓度的高锰酸钾,以节约成本。质量浓度选在 1.2～1.5 mg/L,既可以达到很好的杀灭效果,同时又节省了药剂。

4.1.1.2　温度对杀灭效果的影响

温度的改变会影响淡水壳菜的代谢过程。将含有相同质量浓度（0 mg/L、1 mg/L、1.5 mg/L、1.8 mg/L、2 mg/L）高锰酸钾溶液的烧杯分别至于25 ℃、30 ℃培养箱中。其他条件与室温试验条件相同。试验结果如图4.2和图4.3所示。

可见，随着温度的升高，淡水壳菜开壳率明显升高，死亡速率加快。在室温条件下，在质量浓度为1 mg/L的高锰酸钾溶液中，淡水壳菜处于闭壳状态，但当温度逐渐升高，在质量浓度为1 mg/L的高锰酸钾溶液中仍能开壳吸取养分。同时，温度升高，杀灭效果也明显提高。在25 ℃条件下，对照组在15 d里仍无死亡，在质量浓度为1 mg/L的高锰酸钾溶液中，第15 d死亡率达到60%。在质量浓度为1.5 mg/L、1.8 mg/L、2 mg/L的高锰酸钾溶液中完全死亡分别需要6 d、8 d、7 d。在30 ℃中对照组死亡率增加，第15 d达到20%，同时试验组的死亡速率也明显加快，在质量浓度为1 mg/L的高锰酸钾溶液中，第15 d死亡率达到70%。在质量浓度为1.5 mg/L、1.8 mg/L、2 mg/L的高锰酸钾溶液中完全死亡分别需要3 d、6 d、4 d。

因此，温度的升高有利于高锰酸钾对淡水壳菜的杀灭作用，高温条件下淡水壳菜的代谢作用增强，因而，药剂对其完全杀灭需要的时间也明显缩短。30 ℃的高温不利于淡水壳菜的生存，同时在该温度下杀灭效果也最好。

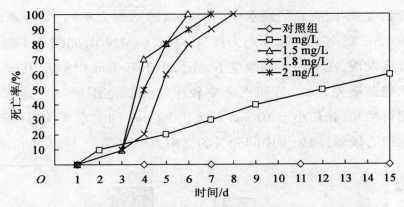

图 4.2　25 ℃时高锰酸钾对淡水壳菜的杀灭效果

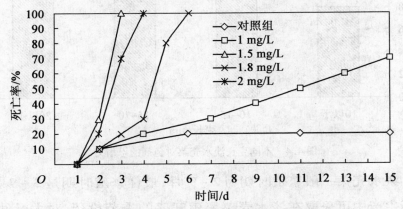

图 4.3　30 ℃时高锰酸钾对淡水壳菜的杀灭效果

4.1.1.3　壳长的影响

随着淡水壳菜年龄的增长,壳长逐渐增加。不同壳长的淡水壳菜对药剂的忍耐力不同,因而杀灭效果也不同。将 4 组不同壳长的淡水壳菜分别放入质量浓度为 1.5 mg/L 的高锰酸钾溶液中,通过记录淡水壳菜的死亡情况考察不同壳长的淡水壳菜忍耐力。

试验发现,不同壳长的淡水壳菜对药剂的忍耐力不同,完全杀灭 4 组淡水壳菜,需要时间分别为:8 d、11 d、12 d、9 d,如图 4.4 所示。试验还发现,在同一药剂浓度下,壳长小于 10 mm 和大于 20 mm 的淡水壳菜最先死亡,且死亡速率较中间壳长范围的死亡速率大。因而可推知,壳长小于 10 mm 和大于 20 mm 的淡水壳菜对药剂的忍耐能力较弱,而处于中间壳长的忍耐力则较强。

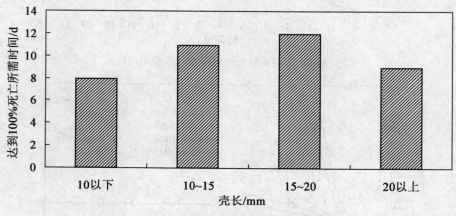

图4.4 不同壳长淡水壳菜对药剂的忍耐力

淡水壳菜一般繁殖时期为 2～9 月,最佳繁殖时期是 3～7 月。实际生产中可采取在淡水壳菜繁殖旺盛的季节投药,对大量幼虫和稚贝进行杀灭,既能节约药剂投加量,又能减少投药时间,起到事半功倍的效果。

4.1.2 次氯酸钠对淡水壳菜的杀灭

氯是滨河、滨海企业冷却水常用的防治污损生物的处理剂,余氯可造成贝类滤食率、足活动频率、外壳开闭频率、耗氧量、足丝分泌量、排粪量等亚致死参数的降低,从而使贝类失去附着能力[100~104]。当余氯质量浓度低于 1 mg/L 时,贝类仍可以打开外壳进行摄食,但摄食速率降低;质量浓度更高时,贝类便被迫关闭外壳,依靠体内积蓄的能量和缺氧呼吸作用生存,直至能量完全消耗或代谢废物达到毒害水平[105,106]。

Masilamoni 等认为余氯对贝类致毒的机理可能为:①氯直接对贝类鳃上皮细胞造成伤害;②由氯造成的氧化作用破坏贝类呼吸膜,导致其体内缺氧,窒息而死;③氯直接参加贝类酶系统的氧化作用。余氯对贝类的影响存在物种间差异。Lewis 报道称紫贻贝经质量浓度为 4.43 mg/L 的余氯处理 49 h,放回原海水中可在 30 min 内恢复活动。Rajagopal 等报道质量浓度为 0.75 mg/L 的余氯是条纹短齿蛤生理功能受到影响的临界值,条纹短齿蛤甚至对 0.25 mg/L 的低质量浓度余氯也能作出滤食率降低 6% ~ 30% 的反应。翡翠贻贝对余氯非常敏感(质量浓度 < 0.15 mg/L)。斑马贻贝甚至可以感知质量浓度为 0.04 mg/L 的余氯作用,并立即作出关闭外壳的反应。Rajagopal 研究发现,紫贻贝、翡翠贻贝、股贻贝(*Pernaperna*)、条纹短齿蛤、变化短齿蛤(*Brachidontesvariabilis*)和菲律宾偏顶蛤(*Modiolusphilippinarum*)用氯处理时,达到 100% 死亡率的时间存在较大差异,质量浓度为 1 mg/L 的余氯作用下,受试个体全部死亡的时间介于 288 h 和 1 104 h 之间,紫贻贝最长,变化短齿蛤最短。余氯对贝类的影响存在体龄差异。*M. leucophaeata* 的余氯毒性试验表明,质量浓度为 0.25 mg/L 的余氯作用下,其 2 mm 个体全部死亡的时间为 89 d,而 10 mm 个体全部死亡的时间为 109 d。但变化短齿蛤的个体大小对氯的响应没有显著性差异。余

氯对贝类的影响存在温度差异。Jenner 等报道翡翠贻贝在质量浓度为 0.5 mg/L 的余氯作用下,30 ℃时达到 95% 死亡率的时间是 1 d,而在 34 ℃时,这一时间仅为 1 h。Rajagopal 等报道 *M. leucophaeata* 在质量浓度为 0.5 mg/L 的余氯作用下,5 ℃时达到 95% 死亡率的时间为 99 d,30 ℃时则为 47 d。斑马贻贝也有同样的趋势。[107-112] 余氯对贝类的影响存在浓度差异。同一种贝类,余氯浓度越高,则其死亡时间越短[113-115]。余氯对贝类的影响存在季节差异。[116] Jenner 研究发现多形饰贝受相同浓度余氯作用时,春季和夏季全部死亡的时间不同。Rajagopal 等用采自 6 月(夏季)和 11 月(冬季)的 *M. leucophaeata*,经 20 ℃驯化 2 周后,用质量浓度为 1 mg/L、2 mg/L 和 3 mg/L 的余氯进行毒性试验,均发现该贝非养殖季节(11 月 ~ 翌年 4 月)比养殖季节(6 ~ 10 月)对氯的忍耐性强。余氯对贝类的影响研究结果见表 4.1[117]。

表 4.1　余氯对贝类的影响研究结果

物种	总余氯/($mg \cdot L^{-1}$)	温度/℃	持续时间	死亡率/%	参考文献
紫贻贝	1.00	—	39 d	100	[113]
	10.0	—	7 d	100	[113]
	4.43	16.6	20 d	100	[113]
	1.00	20	966 h	100	[112]
翡翠贻贝	1.00	29 ~ 30	34 d	100	[115]
	5.00	29 ~ 30	5 d	100	[115]
	0.5	30	1 d	95	[110]
	0.5	34	1 h	95	[110]
	0.72	30.4 ~ 31.0	588 h	100	[114]
	9.7	30.4 ~ 31.0	4 d	100	[114]
	1.00	29.1	34 d	100	[109]

续表4.1

物种	总余氯/(mg·L^{-1})	温度/℃	持续时间	死亡率/%	参考文献
变化短齿蛤 条纹短齿蛤	1.00	29～30	14 d	100	[125]
	1.00	29.1	260 h	100	[109]
	1.00	29～30	24 h	100	[109]
	2.00	29～30	15 d	100	[109]
	3.00	29～30	10 d	100	[109]
偏顶蛤 多形饰贝	1.00	29～30	11 d	100	[117]
	0.4	春季	> 3 weeks	100	[111]
	0.4	夏季	2 weeks	100	[111]
	0.25	12～15	21 d	90	[117]
	0.50	12～15	19 d	93	[117]
	1.00	12～15	17 d	93	[117]
	0.50	18～21	9 d	100	[118]
	0.50	17～27	9 d	100	[120]
	1.00	20～22	20 d	80	[116]
	2.50	20～22	13 d	100	[116]
	5.00	20～22	7 d	100	[116]
	1.00	20	588 h	100	[118]
	2.00	20.1	18.5 d	100	[116]
	1.00	—	23 d	95	[122]
	2.00	20	36 d	100	[122]
Mylilopsis leucophaeata	1.00	20	15 d	100	[119]
	2.50	20	15 d	100	[119]
	5.00	20	15 d	100	[119]
	10.00	20	36 d	100	[119]
	0.5	5	99 d	95	[123]
	0.5	30	47 d	95	[124]
	1.00	20	1104 h	100	[124]

4.1.2.1　余氯衰减规律

　　水中余氯量与水质、水温、光照、接触时间等因素有很大关系,次氯酸钠溶液在水中难以长时间维持较高浓度。不同水质条件下,次氯酸钠衰减速率不同,氧化作用效果不同,对淡水壳菜的杀灭效果也不尽相同。因此有必要首先了解原水中次氯酸钠的余氯衰减规律。

　　通过对试验期间不同原水中余氯衰减的测定,得到以下衰减规律(图4.5)。

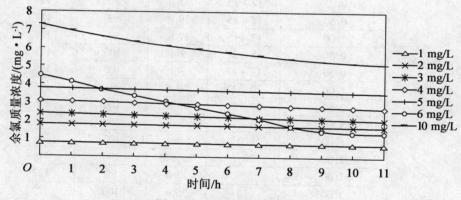

图4.5　室温下余氯衰减规律

　　在室温条件(16 ℃左右)下,分别向水中投加质量浓度为1 mg/L、2 mg/L、3 mg/L、4 mg/L、5 mg/L、6 mg/L、10 mg/L的次氯酸钠,10 min后测得水中余氯质量浓度分别为0.77 mg/L、1.74 mg/L、2.32 mg/L、3.06 mg/L、3.75 mg/L、4.47 mg/L、7.28 mg/L。余氯随时间逐渐衰减,11 h后余氯质量浓度分别为0.7 mg/L、1.64 mg/L、2.05 mg/L、2.7 mg/L、3.55 mg/L、1.32 mg/L、5.12 mg/L。余氯在10 min内衰减很快,11 h后测得结果与10 min

测得的结果相差不大,结合原水长距离输送的特点,原水在管道中输送时间较长,因此选择每 12 h 更换一次药剂。

　　总体上随着有效氯浓度的增加,余氯衰减速率也加快。其中,有效氯质量浓度为 6 mg/L 和 10 mg/L 的原水中余氯衰减最快,可能是余氯达到了一定浓度,将水中低浓度游离氯下不能氧化的有机物质氧化,因此多消耗了有效氯,使余氯衰减速率加快。

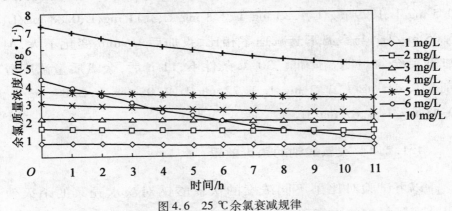

图 4.6　25 ℃余氯衰减规律

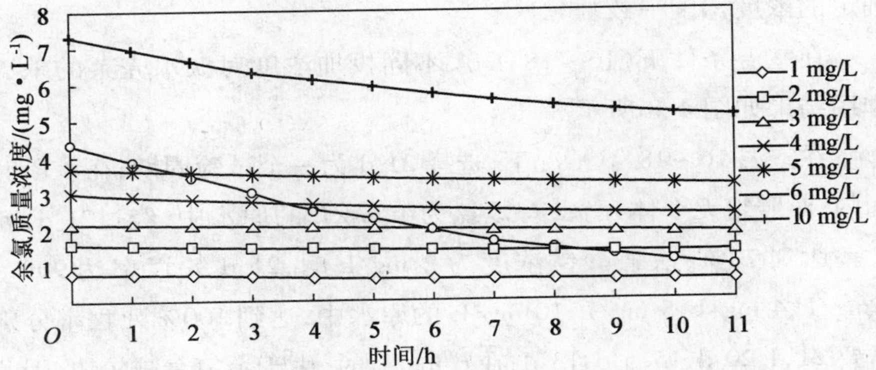

图 4.7　30 ℃余氯衰减规律

由图 4.6 和图 4.7 可知,随着温度的升高,余氯衰减速率加快,但衰减规律仍然与室温条件下相同。在 25 ℃ 条件下,有效氯质量浓度为 1 mg/L、2 mg/L、3 mg/L、4 mg/L、5 mg/L、6 mg/L、10 mg/L 的次氯酸钠溶液,10 min 后测得水中余氯质量浓度分别为 0.74 mg/L、1.54 mg/L、2.15 mg/L、2.93 mg/L、3.68 mg/L、4.31 mg/L、7.27 mg/L。余氯随时间逐渐衰减,11 h 后余氯分别为 0.5 mg/L、1.29 mg/L、1.83 mg/L、2.3 mg/L、3.11 mg/L、0.88 mg/L、5.05 mg/L。与室温下衰减速率相比,投加后 10 min 变化不大,但 11 h 后余氯量明显降低。30 ℃ 条件下,11 h 后,余氯质量浓度分别为 0.41 mg/L、1.2 mg/L、1.72 mg/L、2.08 mg/L、2.87 mg/L、0.48 mg/L、4.87 mg/L。

4.1.2.2　次氯酸钠的杀灭效果

以下试验对比了不同浓度的次氯酸钠对淡水壳菜的杀灭效果。实际投加的次氯酸钠浓度梯度的选择与余氯衰减规律测定时确定的浓度梯度一致。

在室温条件下(16～18 ℃),不同投加浓度对淡水壳菜的杀灭作用结果如图 4.8 所示。

在室温 16～18 ℃ 情况下,选择 21 d 为一个试验周期,在该段时间内,对照组无个体死亡;有效氯为 1 mg/L 的原水中,经过21 d,死亡率达到 70%;次氯酸钠浓度为 2 mg/L 时,21 d 死亡率达 90%;3 mg/L、4 mg/L、5 mg/L、10 mg/L 的原水中,达到 100% 死亡率分别需要 21 d、20 d、15.5 d、13 d;在 6 mg/L 时,由于余氯衰减较快,因此对淡水壳菜的杀灭作用减弱,淡水壳菜的死亡速率也较慢,经过

21 d,死亡率仅达到 60%。由此可见,药剂投加浓度过大,反而降低了对淡水壳菜的杀灭作用;质量浓度达到 10 mg/L,虽然起始浓度较高,但是衰减较快,药剂用来氧化有机物浪费了一部分,但余氯质量浓度仍在 5 mg/L 以上,因此整体死亡效果仍好于 5 mg/L 的情况。随着氧化剂浓度的升高,淡水壳菜的起始死亡时间延后,这与淡水壳菜自身的特性有关,在恶劣条件下,能够闭壳保护起来,抵抗外界刺激。

　　由于实际生产中并不需要淡水壳菜全部死亡,因此只需将淡水壳菜杀灭大部分即可,由试验结果可知,在 16～18 ℃条件下,在有效氯质量浓度为 1 mg/L、2 mg/L、3mg/L、4 mg/L、5 mg/L、6 mg/L、10 mg/L 的次氯酸钠溶液中,死亡率达到 50%,分别需要 17.5 d、13 d、2 d、10 d、9 d、19 d、8.5 d;70% 死亡分别需要 21 d、16 d、15 d、13.5 d、11 d、20 d 以上和 11 d。总体上讲,死亡率随有效氯质量浓度增加而增加,但是当次氯酸钠质量浓度达到 4 mg/L 后,浓度增加而死亡率相差不大。因此,投加次氯酸钠质量浓度选择在 4～5 mg/L 左右是效果最好的。

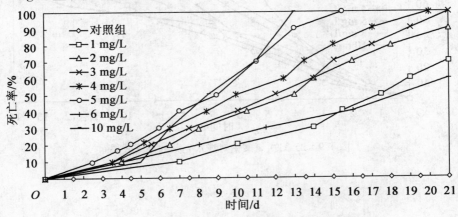

图 4.8　16～18 ℃不同浓度次氯酸钠杀灭效果比较

淡水壳菜的代谢活动受温度影响很大,温度升高,淡水壳菜的代谢明显增强,呼吸作用增强,开壳率升高,次氯酸钠更容易渗透到细胞内,对其杀灭的时间也大大缩短。25 ℃下,投加次氯酸钠质量浓度选择在 4 ~ 5 mg/L,7 ~ 9 d 即可杀灭 70% ~ 80%。如图 4.9 所示。

30 ℃下,淡水壳菜在质量浓度为 4 mg/L 的次氯酸钠溶液中 2 d 死亡率即达到 60%;5 mg/L 中 2 d 达到 70%。如图 4.10 所示。

因此,选择次氯酸钠对淡水壳菜进行杀灭,质量浓度选择 4 ~ 5 mg/L较为合适,相对于大剂量投加,既节省了药剂,又缩短了杀灭的时间,能够达到较好的去除效果。试验期间原水水质变化不大,但实际应用中受天气影响,水温、浊度、pH 值等因素也会对杀灭效果造成一定的影响。

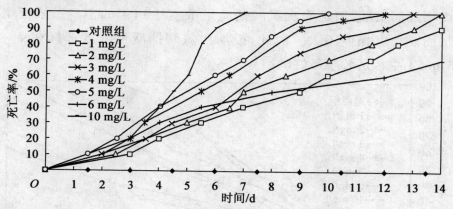

图 4.9　25 ℃次氯酸钠对淡水壳菜的杀灭效果

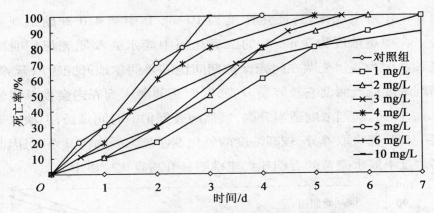

图 4.10 30 ℃次氯酸钠对淡水壳菜的杀灭效果

4.1.3 二氧化氯对淡水壳菜的杀灭

4.1.3.1 浓度的影响

以下试验为了解杀灭淡水壳菜的二氧化氯的最适浓度提供了依据。

二氧化氯的质量浓度梯度选择为 1 mg/L、3 mg/L、5 mg/L、10 mg/L。结果如图 4.11 所示。

在室温条件下(18 ℃左右),选 14 d 为一个试验周期。对照组中淡水壳菜生存较好,无死亡。由于淡水壳菜在恶劣条件下能够进行闭壳自我保护,在含有二氧化氯的原水中,淡水壳菜均不能分泌足丝附着在杯壁上。在投加药剂初期,接触不同浓度氧化剂,淡水壳菜在原水中的开始死亡率并不是与药剂浓度呈正比。在质量浓度为 1 mg/L 的二氧化氯中从第 5 d 开始出现死亡;质量浓度为 3 mg/L 的二氧化氯中第 7 d 开始出现死亡;质量浓度为 5 mg/L 中第 6 d 开始出现死亡;质量浓度为 10 mg/L 中第 4 d 开始出现死亡。在质量浓度为 3 mg/L 的二氧化氯中淡水壳菜闭壳保护时间最长。因为淡水壳菜在闭壳保护期间仍需要偶尔地开壳吸取营养,药剂浓度低反而使它较容易开壳,因而药剂渗入到壳内会使其慢慢死亡,然而,药剂浓度适当升高,虽然闭壳保护的时间延长,但淡水壳菜一旦开壳吸取养分,较高浓度的氧化剂便渗入壳内将其杀死,因此高浓度下淡水壳菜的后期死亡速率明显升高且比较集中。

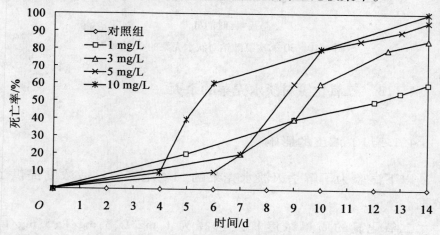

图 4.11　室温下二氧化氯对淡水壳菜的杀灭效果

　　经过 14 d 的试验,质量浓度为 1 mg/L、3 mg/L、5 mg/L、10 mg/L 的二氧化氯中死亡率分别达到 60%、85%、95%、100%。总体来讲,随着质量浓度增大,死亡速率加快。淡水壳菜在质量浓度为 3 mg/L、5 mg/L、10 mg/L 的二氧化氯中,虽然闭壳时间较长,但开始死亡后,死亡速率明显增加,当死亡率达到 80% 以上,死亡的速率开始变缓,这与后期试验烧杯中所剩淡水壳菜数量较少有关,因而受个别淡水壳菜的生命力强弱影响较大。因此,实际中并

不需要将淡水壳菜全部杀灭,只需去除大部分。因此,时间选择很
重要。

试验中发现,在质量浓度为 3 ~ 5 mg/L 的二氧化氯中,淡水壳
菜的死亡主要集中在 7 ~ 13 d,在此期间死亡率从 20% 增加到
80% ~ 90%。因此,实际操作中要以此时间界限为参考,无须投药
过长时间,浪费药剂,增加成本。

4.1.3.2　温度的影响

25 ℃ 和 30 ℃ 时,不同浓度下随时间延长淡水壳菜的死亡情况
如图 4.12 和图 4.13 所示。

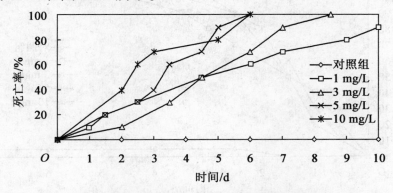

图 4.12　25 ℃ 下二氧化氯对淡水壳菜的杀灭效果

随着温度升高,杀灭淡水壳菜所需的时间明显缩短。在 25 ℃
时,经过 10 d 的试验,对照组中没有淡水壳菜个体死亡;在质量浓度
为 1 mg/L 的二氧化氯中,在第 10 d 达到 90%,在质量浓度为
3 mg/L、5 mg/L、10 mg/L 的二氧化氯中达到 100% 死亡率分别需要
8.8 d、6 d、6 d;各质量浓度下达到 50% 死亡率分别需要 4.5 d、4.5 d、
3.5 d、2.5 d。

在 30 ℃条件下,对照组第 2 d 开始出现个体死亡,说明高温条件对淡水壳菜的生存有一定影响,在高温条件下,淡水壳菜不能很好地适应,会出现个体死亡。在质量浓度为 1 mg/L、3 mg/L、10 mg/L 的二氧化氯中,50% 死亡均需要 1.5 d;在质量浓度为 5 mg/L 的二氧化氯中,第 1.5 d 死亡率达到 60%,但是在不同质量浓度下,淡水壳菜仍存在闭壳保护的现象。浓度升高起始死亡时间延后,但一旦有个体死亡后,死亡速率迅速增加。温度升高,淡水壳菜代谢活动增强,药剂更容易渗入壳内,以致更快速地将其杀死。因此,选择天气炎热的季节对淡水壳菜进行杀灭会起到事半功倍的效果。

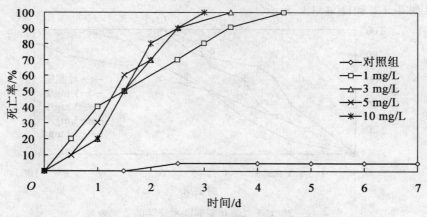

图 4.13　30 ℃下二氧化氯对淡水壳菜的杀灭效果

4.1.4　淡水壳菜在含氯水中的开闭壳行为与杀灭效果

氯是滨河、滨海企业冷却水常用的防治污损生物的处理剂,自来水厂广泛采用的氯消毒剂对淡水壳菜具有良好的杀灭效果,但受淡水壳菜双壳开闭行为的影响较大。以下试验为确定最佳的杀灭方式,从而提高杀灭效果,降低药剂消耗提供了依据。

4.1.4.1　余氯对淡水壳菜开闭行为的影响

在对淡水壳菜的开闭行为进行观测时发现,在无氯的原水中,90％以上的淡水壳菜处于小开壳状态,只有在受到外界干扰(如用外物搅动水)时才会迅速闭合双壳,直至水面稳定后再逐渐微开双壳;而在余氯质量浓度为 0.5 mg/L 的原水环境中,则基本上处于闭壳状态。图 4.14 为淡水壳菜在短期冲击加氯方式下双壳的开闭情况。由图 4.14 可见,无论与氯的接触时间长短,在整个接触过程中,淡水壳菜的开壳率都很低,接触时间为 6 h、12 h、24 h、48 h时,开壳率分别为 10.2％、3.14％、1.69％ 和 0,随着接触时间的延长则开壳率逐渐降低。将接触了氯之后的活体壳菜移至无氯原水中继续培养,则这些壳菜将逐渐打开双壳,且与氯的接触时间越短,其恢复开壳的时间也越短,开壳率越高。例如,与氯接触 6 h 的壳菜,放入原水中 4 h 后便已基本上开壳,之后部分壳菜在经历短时间的闭壳适应之后,再重新打开双壳;接触 12 h 的试验组,其变化与 6 h 组的相似。随着与氯接触时间的增加,壳菜恢复完全开壳的时间延长。而持续与氯接触的试验组,在整个试验时段内其开壳率都很低,尽管在 80～110 h 时开壳率有波动,但也都在 10％以下,这表明,在余氯质量浓度为 0.5 mg/L 的环境下,壳菜闭壳的耐受极限约为 3 d,超过该时间其将被迫打开双壳补充养分。

间歇性加氯条件下淡水壳菜的开壳情况如图 4.15 所示。试验中,所有试验组在与氯接触第一周期后,先转移至无氯的静态原水中,5 min 后观测其开壳情况,然后再转移至无氯的流动原水中培养 2 h;第二周期后则直接转移至无氯的流动原水中培养。由图 4.15 可见,在含氯原水中培养的第一阶段,壳菜的开壳率均很低,与前面的试验结果一致;转移至静止的无氯原水中 5 min 后,开壳情况有了明显的变化,接触 6 h、12 h、24 h 和 48 h 的试验组,其开壳率分别为 95.6%、83.8%、40.4% 和 9.8%,而转移至流动的原水中,则 5 min 之内没有开壳现象。在转移至流动无氯原水中 12 h 以后,开壳率均大幅升高。如此在含氯水和无氯水中循环培养,活体壳菜的开壳率呈现明显的周期性变化。由此可见,与余氯质量浓度为 0.5 mg/L 的原水接触 6~48 h 后,再于流动的无氯原水中培养 12 h,则活体壳菜基本上都能够恢复其正常的状态,对其杀灭效果下降。综上所述,淡水壳菜在余氯质量浓度为 0.5 mg/L 的水中具有闭壳保护的能力,闭壳的持续时间与环境以及壳菜的耐受能力有关,一旦环境得以改善,壳菜即打开双壳摄取养分,从而恢复生机。[126]Rajagopal 研究了两种其他贻贝对余氯的敏感程度,最低感受质量浓度分别为 0.1 mg/L 和 0.25 mg/L。

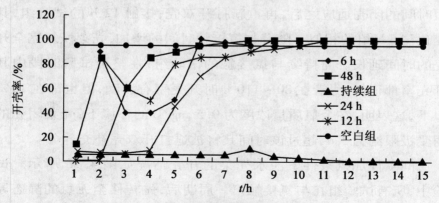

图 4.14　接触含氯水不同时间后开壳率变化

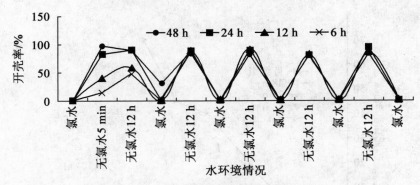

图 4.15　在间歇性氯环境中的开壳情况

4.1.4.2　加氯方式对淡水壳菜杀灭效果的影响

在余氯质量浓度为 0.5 mg/L 的原水中培养不同时间后，转移至无氯流动原水中培养时壳菜的死亡情况如图 4.16 所示。

由图 4.16 可见，与氯的接触时间不同则淡水壳菜的死亡率也不同，接触时间越长则死亡率越高，如接触 6 h、12 h、24 h、48 h 时，淡水壳菜的死亡率分别为 0、2.22%、4.84%、9.29%。值得注意的是，转移至无氯原水中培养后，淡水壳菜的死亡率只是在最初的 1~2 d 内略有上升，主要原因是这部分壳菜的生理性能已被氯严重损害并失去恢复能力，此后已经恢复的淡水壳菜不再死亡。而持续与氯接触的试验组，其淡水壳菜的死亡率持续上升，第 5 d 时死亡率达到了 78.3%。可见，如果没有其他因素的影响，这种短期冲击加氯方式对淡水壳菜的杀灭效果很差。

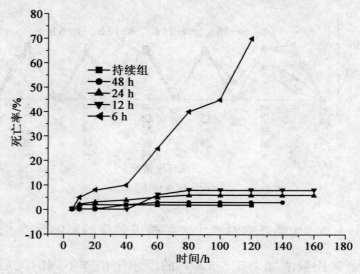

图 4.16　短期冲击式加氯下淡水壳菜的死亡率

　　如图 4.17 所示为间歇脉冲式加氯条件下淡水壳菜的死亡情况。由图 4.17 可见,随着试验时间的延长,各试验组淡水壳菜的死亡率逐渐升高,但升高的幅度与接触氯时间的长短有关。6 ~ 48 h 的 4 个试验组,与含氯和不含氯原水接触时间的比值依次为 0.5、1、2、4,显然,随着该比值的加大则淡水壳菜死亡率的增幅也加大。但是,6 h 和 12 h 两个试验组在第一个周期后的死亡率增加较少,可能是与氯接触的时间太短,淡水壳菜受到的伤害小,并逐渐适应了这种周期性变化的环境所致,而 24 h 和 48 h 组的死亡率呈稳定上升趋势。4 个试验组的淡水壳菜在第 5 d 时的死亡率分别为 2.9%、5.5%、14.4%、15.0%,而此时持续与氯接触试验组的淡水壳菜死亡率达到了 78.3%。换言之,在间歇性加氯的条件下,当总加氯量为持续加氯量的 35%、50%、60% 和 80% 时,对淡水壳菜的杀灭率只分别达到持续加氯组的 3.7%、7.0%、18.4% 和 19.1%。即使是与氯接触时间最长的 48 h 组，当试验进行至第 15 d 时，淡水壳菜的死亡率也只有 40.6%。这说明，间歇性加氯对淡水壳菜的杀灭效果差，如要达到相同的杀灭效果，则需要消耗更多的药剂。有文献指出，工业输水管道可采用间歇式加氯方式杀灭堵塞管道的贻贝，但相对于连续加氯，间歇性加氯不能有效杀灭和控制贻贝的生长和附着[127－131]。

可见，淡水壳菜作为双壳纲软体动物，具有在恶劣环境下闭壳保护的本能。在余氯质量浓度为 0.5 mg/L 的原水中，其基本上处于闭壳状态，直至达到耐受极限后方开壳从含氯水中摄食。在短期冲击式加氯和间歇性加氯条件下，活体壳菜一旦转移至无氯的原水中，便能够很快恢复正常，并从水体中摄取养分；而持续加氯对淡水壳菜的杀灭效果好，可有效杀灭和控制淡水壳菜的生长。

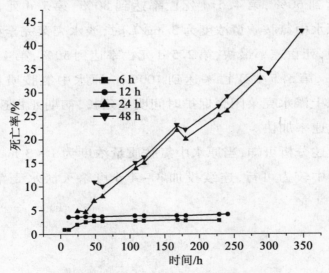

图 4.17　间歇性加氯下淡水壳菜的死亡率

4.1.5 氯胺对淡水壳菜的杀灭

4.1.5.1 浓度的影响

以下试验为了解杀灭淡水壳菜的氯胺的最适浓度提供了依据。

氯胺的质量浓度梯度选择为 1 mg/L、3 mg/L、5 mg/L、10 mg/L。在水温 25 ℃条件下,选择 7 d 为一个试验周期。结果如图4.18所示。

试验期间由于暴雨天气影响,原水浊度较高,对照组在第5.5 d出现 1 个个体死亡。随着浓度的增加,淡水壳菜的死亡速率并不是成正比增加的。原水中氯胺质量浓度为 1 mg/L 时,第3.5 d死亡率达到 60%,第 4.5 d 死亡率达到 80%,第 7 d 死亡率达到95%。原水中氯胺质量浓度为 3 mg/L 时,淡水壳菜完全死亡所需时间最短,死亡速率最快,第 2.5 d 死亡率达到 50%,第 4 d 死亡率达到 80%,第 5.5 d 死亡率达到 100%。原水中氯胺质量浓度在5 mg/L 以上淡水壳菜闭壳保护时间明显延长,初期死亡速率较慢,后期死亡速率加快。

由上述分析可知,当原水中氯胺质量浓度为 1~3 mg/L 时,在实际生产中较为可行,连续投加 3~4 d 可杀灭淡水壳菜70% ~80%。

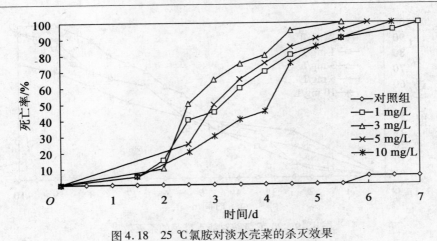

图 4.18　25 ℃ 氯胺对淡水壳菜的杀灭效果

4.1.5.2　温度的影响

不同温度条件下氯胺的杀灭效果如下。

在 20 ℃（图 4.19）条件下，规律与 25 ℃ 条件下近似，但低温时杀灭速率较慢，所需时间相对延长。对照组无个体死亡。氯胺质量浓度为 3 mg/L 杀灭速率最快，杀死 60% ~ 80% 需要 6 ~ 7.5 d；1 mg/L 和 5 mg/L 氯胺中，效果差不多，5 mg/L 效果稍好；对于 10 mg/L，虽然药剂浓度较高，但是淡水壳菜关闭双壳，药剂无法渗透到壳内，从第 2.5 d 开始，才有个体死亡，但死亡较集中，刚开始死亡，死亡率就达到 30%。但后期死亡速度仍较缓慢，经过 10 d 仅达到 70%。因此，氧化剂的投加浓度并不是越高越好，浓度高淡水壳菜闭壳与外界条件隔绝，反而不能起到杀灭它的作用，反而浪费了药剂。

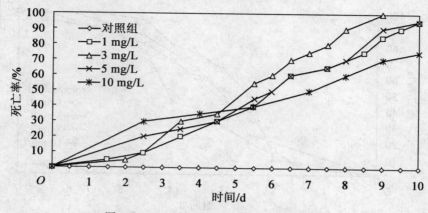

图 4.19　20 ℃氯胺对淡水壳菜的杀灭效果

　　30 ℃下对照组有 5%的个体死亡；试验组死亡速率较快，与 20 ℃和 25 ℃不同的是，在氯胺质量浓度为 1 mg/L 的时候杀灭速率是最快的，3 d 便能将淡水壳菜全部杀死。在高温条件下淡水壳菜的代谢活动旺盛，因此开壳率较高，药剂较容易渗透到淡水壳菜的细胞膜内，因此，当氯胺质量浓度为 1 mg/L 时便能起到很好的效果；浓度升高，杀灭的速率反而降低。

　　由于氯胺作用的主要成分——氯胺在水中衰减慢，分散性好，穿透生物膜能力较强，所以和其他氧化剂相比，对淡水壳菜的杀灭效果较好。

4.1.6　过氧化氢对淡水壳菜的杀灭

4.1.6.1　浓度的影响

　　以下试验为了解杀灭淡水壳菜的过氧化氢的最适浓度提供了依据。

过氧化氢的质量浓度梯度选择为 1 mg/L、3 mg/L、5 mg/L、10 mg/L。

试验发现,20 ℃条件下,过氧化氢对淡水壳菜的杀灭效果并不是很好,但质量浓度越大,杀灭效果也越明显。试验期间对照组无死亡。在质量浓度为 1 mg/L 的过氧化氢中经过 14 d,死亡率仅为 10%,3 mg/L 和 5 mg/L 原水中死亡率分别为 40% 和 80%。但当过氧化氢质量浓度升高,达到 10 mg/L 时,7.5 d 死亡率即达到 90%。

4.1.6.2　温度的影响

不同温度条件下,过氧化氢对淡水壳菜的杀灭效果不同。

25 ℃下,随浓度增加,死亡速率加快,质量浓度为 5 mg/L 时,死亡 70% ~ 80% 需 4 ~ 5 d。但在质量浓度为 5 mg/L 以上时,浓度增加死亡速率并没有明显增加,反而淡水壳菜闭壳保护时间增加,如图 4.20 所示。

在 30 ℃条件下,过氧化氢的分解速率明显加快,但高浓度下杀灭速率也明显增加,过氧化氢质量浓度为 3 mg/L 时,7 d 死亡率为 90%;质量浓度为 5 mg/L 以上时完全死亡需 4 d 左右。如图 4.21 所示。

因此,杀灭淡水壳菜过氧化氢的质量浓度选在 5 mg/L 较适宜。适量投加过氧化氢还可以显著提高水中浊度、藻类和有机物的去除率;质量浓度为 4 mg/L 左右除藻率较高。结合对淡水壳菜的杀灭效果,实际投加质量浓度选择 4 ~ 5 mg/L 较为合适。

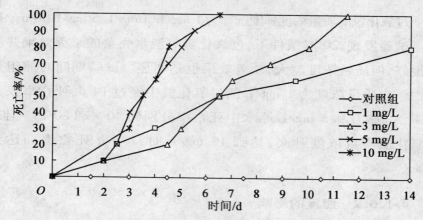

图4.20　25℃时过氧化氢对淡水壳菜的杀灭效果

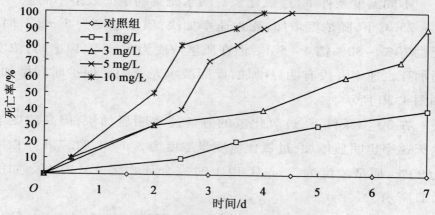

图4.21　30℃时过氧化氢对淡水壳菜的杀灭效果

4.1.7　淡水壳菜足丝的形态及溶解性能探讨

4.1.7.1　足丝的形态

淡水壳菜的足丝是一种蛋白质类物质，有对其物理性质、分子结构以及人工合成等方面的详细研究。[132]试验表明,接触原水后,淡水壳菜在2 h之内就可以分泌出新的足丝,新分泌的足丝为白色,呈透明状,纤细、弹性及韧性较好,质地柔软,黏度较高,较易黏附杂质,淡水壳菜依靠它相互粘连。淡水壳菜分泌的足丝能够向四周延伸使其紧紧附着在坚硬物体上,如图4.22所示。分泌24 h后足丝呈乳白色,明显吸附了许多颗粒物,膨胀变粗,柔软性和黏性下降,弹性及韧性下降。老化的足丝呈暗绿色或褐色,无弹性和黏附性,较坚硬,但强度较前两种足丝强,不容易断裂,如图4.23所示。老化足丝聚集于淡水壳菜腹面分泌足丝处——与体内的足丝孔相连,或缠绕在淡水壳菜表面。如图4.44所示为三种足丝的对比图。

图4.22　淡水壳菜依靠足丝附着

图 4.23　老化足丝

(a)新分泌足丝(×100)　　(b)分泌24 h后足丝(×100)　　(c)老化足丝(×100)

图 4.24　足丝的形态

4.1.7.2　足丝的溶解性能

淡水壳菜的足丝在不同的氧化剂中的溶解情况不同(表4.2)。

表 4.2　不同药剂对足丝的溶解能力

药剂名称	HCl	HNO$_3$	H$_2$SO$_4$	NaOH	KMnO$_4$	H$_2$O$_2$	NaCl	NaOCl	Cl$_2$
溶解情况	—	—	—	—	—	—	—	＋＋	—

注:—表示不溶解,＋表示完全溶解

　　称取 200～250 mg 足丝分别放入 100 mL 质量分数为 10％ 的次氯酸钠溶液、质量浓度为 100 mg/L 的高锰酸钾溶液、质量分数为 30％ 的过氧化氢溶液、质量浓度为 5 g/L 的二氧化氯溶液和质量浓度为 500 mg/L 的氯胺溶液中,利用显微镜观察足丝溶解情况。

　　试验发现,在 10％ 次氯酸钠溶液中,足丝能够立即溶解,而在其余药剂中,168 h 后仍看不到溶解现象。

　　由此可知,只有次氯酸钠对足丝有溶解作用,高锰酸钾、过氧化氢、二氧化氯、氯胺则不能使足丝溶解。说明足丝既不溶解于酸,也不溶解于碱以及高锰酸盐、过氧化氢、次氯酸等其他水处理氧化剂,只有在次氯酸钠中才能溶解。由于次氯酸钠和氯水中的有效成分都是次氯酸(根),为了进一步确认其溶解能力的差异,将 250 mg 分泌 24 h 的足丝分别置于有效氯质量浓度均为 500 mg/L 的氯水和次氯酸钠溶液中,发现次氯酸钠溶液中的足丝在 25 min 内完全溶解,而氯水中的足丝在 36 h 后还没有丝毫的溶解迹象。说明可能是次氯酸钠的有效成分 OCl$^-$ 对淡水壳菜的足丝具有溶解能力,而氯水的有效成分 HClO 对淡水壳菜的足丝没有溶解能力。为确认高浓度的次氯酸钠溶液对老化足丝的溶解力,在氯质量分数为 10％ 的 200 mL 次氯酸钠溶液中加入 800 mg 老化足丝,4～5 min 后足丝迅速发生溶解,并产生大量泡沫,加入的足丝在 20 min 内完全溶解。

　　次氯酸钠对淡水壳菜的足丝具有很强的溶解能力,但考虑到对水质、管道可能的影响，以及实际应用中的投加能力，确定适宜的投加浓度，降低足丝的强度和附着能力，使管道中淡水壳菜的贝壳能够迅速脱落具有重要意义。本章对次氯酸钠溶解淡水壳菜足丝进行了进一步探索。在室温（18 ℃）条件下，称取 200～250 mg 足丝，分别浸于有效氯质量浓度为 1 mg/L、3 mg/L 和 5 mg/L 的次氯酸钠溶液中，观察溶解情况。如图 4.25 所示。在质量浓度为 5 mg/L 的次氯酸钠溶液中，足丝完全溶解需 108 h，在质量浓度为 1 mg/L 的溶液中完全溶解需 144 h，在质量浓度为 3 mg/L 的溶液中，需要 120 h。在接触不同质量浓度次氯酸钠溶液 24 h 后，均有不同程度的溶解，1 mg/L、3 mg/L、5 mg/L 中分别有 10%、15%、20% 溶解。足丝的溶解速度随溶液中余氯质量浓度的增加而增加，老化足丝溶解速度增加较新足丝更明显，如图 4.26 所示。由此可见，目前水厂采取的定期投加次氯酸钠的措施便是使部分足丝溶解，降低淡水壳菜的附着能力，再利用流速的冲刷，使其脱落。因此，在实际生产中可通过连续投加有效氯质量浓度为 3～5 mg/L 的次氯酸钠来定期清除淡水壳菜。

为了确定是 Na^+ 还是 pH 值的变化引起有效氯形态变化而导致其对足丝溶解性能的不同，在有效氯质量浓度为 500 mg/L 的 Cl_2 溶液中分别加入不同浓度的中性 NaCl 和碱性 NaOH，每隔2 h 观察其对老化的深绿色足丝的溶解情况，结果见表 4.3。在 Cl_2 溶液中加入 NaCl 后，仍然不能溶解足丝。虽然溶液中有 Na^+ 存在，但由于溶液仍处于酸性环境中，水中的有效氯主要以 HClO 存在，说明 Na^+ 不是提高有效氯对足丝溶解性能的主要原因。在 Cl_2 溶液中加入碱性的 NaOH 后，对足丝的溶解性能迅速提高，进一步说明

了碱性环境中以 OCl^- 形态存在的有效氯是促使淡水壳菜足丝溶解的主要原因。Cl_2 溶液加入 NaOH 后,发生下列化学反应:

$$Cl_2 + 2NaOH =\!=\!= 2Na^+ + OCl^- + H_2O$$

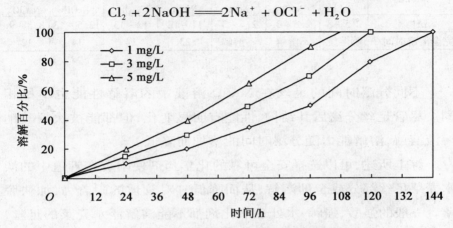

图 4.25 足丝在次氯酸钠溶液中的溶解情况

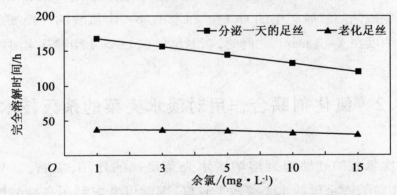

图 4.26 新、老足丝在不同浓度 NaClO 中完全溶解所需时间的变化

由于 2 个有效氯原子在反应后只有 1 个成为有效氯的 OCl^-,因此,加入 NaOH 的相同有效氯的 Cl_2,其对足丝的溶解能力不如相同有效氯浓度NaClO溶液。

表 4.3　Na$^+$和 pH 值对 Cl$_2$溶液溶解足丝能力的影响

项目	500 mg/L NaCl	1 000 mg/L NaCl	2 500 mg/L NaCl	500 mg/L NaOH	1 000 mg/L NaOH	2 500 mg/L NaOH	500 mg/L NaClO
pH 值	2.5~3	2.5~3	2.5~3	11~12	12~13	12.5~13	8.8~9
完全溶解时间/h	不溶解	不溶解	不溶解	23	14	14	12

不同分泌时间的足丝在 NaClO 溶液中的溶解性能也不尽相同。尽管足丝分泌后其结构、性能有明显变化,但都能被次氯酸钠溶液溶解,溶解能力随分泌时间的增加而降低。

综上所述,可以选择安全可靠的化学药剂使附着在管道中的淡水壳菜足丝部分或全部溶解,从而降低其对管道的附着力,加快脱落。一般的强酸、强碱、水处理氧化剂都不能溶解淡水壳菜的足丝,只有次氯酸钠具有溶解新、老足丝的能力,促使足丝溶解的有效成分是次氯酸钠溶解后产生的 OCl$^-$。在水中加入次氯酸钠并控制余氯质量浓度在 1~3 mg/L 之间时,新老足丝在 1~5 d 能够基本溶解。

4.2　氧化剂联合作用对淡水壳菜的杀灭技术

次氯酸钠能够起到溶解淡水壳菜足丝的作用,氯胺、二氧化氯、高锰酸钾杀灭淡水壳菜效果较好,因此可考虑利用高锰酸钾与次氯酸钠联合、二氧化氯与次氯酸钠联合以及二氧化氯和氯胺联合的方式杀灭淡水壳菜。

4.2.1　高锰酸钾和次氯酸钠的联合作用

选取 6 种不同组合方式对淡水壳菜进行杀灭。

高锰酸钾选择 0.5 mg/L 和 1 mg/L 两种质量浓度梯度,次氯酸钠选择 1 mg/L、3 mg/L、5 mg/L 三种质量浓度梯度,组合结果见表4.4。

表 4.4　高锰酸钾与次氯酸钠质量浓度组合　　　　mg/L

高锰酸钾	次氯酸钠
0.5	1
0.5	3
0.5	5
1	1
1	3
1	5

试验温度选择室温 16~18 ℃情况下,试验进行 15 d。试验期间对照组无个体死亡。

由图 4.27 可知,与高锰酸钾或次氯酸钠单独作用效果(图4.28)相比,两种氧化剂组合在一起,效果较好。高锰酸钾单独作用时,0.5 mg/L 质量浓度下,15 d 并无淡水壳菜死亡;1 mg/L 质量浓度下,而次氯酸钠单独作用时,经过 15 d,在 1 mg/L、3 mg/L、5 mg/L质量浓度下死亡率分别为 35%、70% 和 95%。

两种氧化剂同时作用时,当任一种氧化剂浓度升高时,死亡速率降低。试验进行到第 8.5~13 d 时,淡水壳菜的死亡较集中,后期试验所剩淡水壳菜数量较少,会受到个别淡水壳菜的生命力强弱等影响。总体上看,当高锰酸钾与次氯酸钠以"0.5 +3"方式组合和

"1 +1"方式组合时,对淡水壳菜的杀灭作用较其他组合方式强。"1 +1"组合方式第 6 d 开始出现死亡,随时间延长死亡率增加,第 13 d,死亡率达到 85%;"0.5 +3"的组合方式第 7 d 才开始有个体死亡,但死亡速率较"1 +1"的组合方式快,在第 11 d,死亡速率与"1 +1"的组合方式持平,第 12.5 d 达到 90%。组合方式为"1 +3"时效果稍差,在死亡较集中的 8.5 ~12.5 d 内,死亡速率由 25% 上升到 70%;其次是"0.5 +5"和"1 +5"两种组合方式;高锰酸钾和次氯酸钠以"0.5 +1"组合时,效果最差,虽然个体死亡较早,但死亡速率较慢,15 d 才达到 60%,但仍好于每种氧化剂单独作用,同时节省了药剂。

综上所述,实际选择"0.5 +3"方式组合或"1 +1"组合方式时较好。将高锰酸钾和次氯酸钠同时作用较单独作用效果好,温度较低时杀灭速率仍较慢。12 d左右可死亡 80% 左右。但由于次氯酸钠能够溶解足丝,可使其迅速脱落,温度升高也会增加死亡的速率,实际应用可对此方法进一步验证。

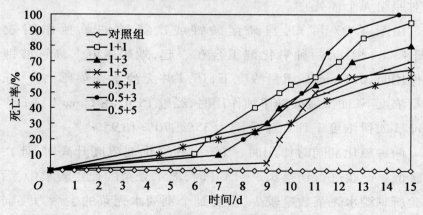

图 4.27　高锰酸钾与次氯酸钠联合作用效果

　　本方法综合了高锰酸钾与次氯酸钠在杀灭淡水壳菜方面的优点：在原水输水管道中投加高锰酸钾，能使氧化作用最大限度地进行，杀灭淡水壳菜，次氯酸钠能够溶解足丝，可使其迅速脱落，进而使其从管道中去除，解决淡水壳菜危害输水管道输水作用的问题。此外，高锰酸钾能够去除水中嗅味，达到除铁、除锰的效果，此外，还能发挥二氧化锰的凝核作用，预先达到絮凝和沉淀的目的，且不增加后续水处理工艺的难度。本方法能够有效控制原水及管道中淡水壳菜的数量，使用该技术，操作安全方便，具有极高的可行性。

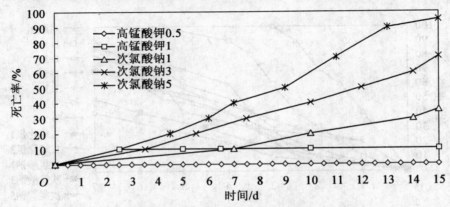

图 4.28　高锰酸钾或次氯酸钠单独作用效果

4.2.2　二氧化氯和次氯酸钠的联合作用

　　25 ℃下，二氧化氯和次氯酸钠的联合作用对淡水壳菜的杀灭效果的探究如下。

　　选取二氧化氯和次氯酸钠的 6 种不同组合方式。投加二氧化氯选择 0.5 mg/L 和 1 mg/L 两种质量浓度梯度，次氯酸钠选择 1 mg/L、3 mg/L、5 mg/L 三种质量浓度梯度，组合见表 4.5。

表 4.5　二氧化氯与次氯酸钠质量浓度组合　　　　　　　　mg/L

二氧化氯	次氯酸钠
1	1
1	3
1	5
3	1
3	3
3	5

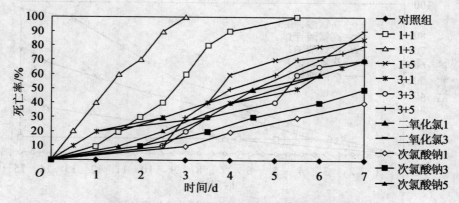

图 4.29　二氧化氯和次氯酸钠联合作用杀灭淡水壳菜效果

从图 4.29 可以看出,二氧化氯单独作用时,1 mg/L 质量浓度下,7 d 死亡率仅达到 70%,3 mg/L 下,第 2 d 开始出现死亡,死亡速率加快,7 d 达到 90%。次氯酸钠单独作用时,1 mg/L、3 mg/L、5 mg/L 质量浓度下,7 d 死亡率分别为 40%、50%、70%。试验发现,当二氧化氯和次氯酸钠质量浓度以"1 + 1"和"1 + 3"方式组合时,杀灭淡水壳菜的效果远好于任一氧化剂单独作用。其中"1 + 3"方式组合时杀灭效果最好,25 ℃条件下,完全死亡仅需 2.5 d。

"1 + 1"组合方式 4 d 死亡率达到 90%。并且,两种氧化剂联合作用,缩短了淡水壳菜的闭合保护时间,能够尽快将其杀灭。"1 + 5"情况下,2.5 ~ 7 d 死亡率从 30% 上升到 85%;"3 + 1"组合时,3.5 ~ 7 d死亡较集中,从 30% 增加到 70%;"3 + 3"与"3 + 5"组合方式对淡水壳菜的杀灭效果近似,而且闭壳时间延长,从第 2.5 d开始死亡,经过 7 d,死亡率分别为 70% 和 80%。质量浓度增加到一定数值对淡水壳菜的杀灭效果不再增加,对淡水壳菜的杀灭效果并不是随药剂浓度的增加而增强。二氧化氯或次氯酸钠质量浓度增加,都会降低杀灭的效果,这也更加证实了淡水壳菜在恶劣环境下闭壳保护的特性。

综上所述,选择二氧化氯和次氯酸钠质量浓度以"1 + 1"和"1 + 3"方式组合时较为适宜,25 ℃ 条件下,2 ~ 3 d 可死亡 80% 左右。

本方法综合了二氧化氯与次氯酸钠在杀灭淡水壳菜方面的优点:在原水输水管道中投加二氧化氯,可杀灭淡水壳菜,次氯酸钠能够溶解足丝,促使其脱落,进而使其从管道中去除,解决淡水壳菜危害输水管道输水作用的问题。此外,二氧化氯还可起到杀菌、灭藻的作用,而且能分解残留的细胞结构,也具有杀孢子、杀病毒的效能,有利于后续水处理过程。本方法能够有效控制原水及管道中淡水壳菜的数量,使用该技术,操作安全方便,具有极高的可行性。

4.2.3　二氧化氯和氯胺的联合作用

二氧化氯与氯胺的组合对于降低消毒副产物浓度很有效,以下试验考察了其对淡水壳菜的杀灭效果。

温度选择 25 ℃ ,选取二氧化氯和氯胺的 6 种组合方式,见表 4.6。

表 4.6 二氧化氯与氯胺浓度组合 mg/L

二氧化氯	氯胺
1	1
1	3
1	4
3	1
3	3
3	5

试验结果如图 4.30 所示,将二氧化氯和氯胺联合作用的效果与各自单独作用的效果比较发现,两种药剂联合起来并没有氯胺单独作用效果好,氯胺单独作用时,各质量浓度在 2 ~ 5.5 d 时死亡速率较快,质量浓度为 3 mg/L 的氯胺作用下 4.5 d 死亡率达到 95% ;5 mg/L 时 2 ~ 5.5 d 死亡率从 25% 上升到 95%;质量浓度为 1 mg/L 时,2.5 ~ 5.5 d 时死亡率从 40% 升高到 90%。当两种药剂 "1 + 1"组合时,比其他组合方式效果要好,3 d 死亡率达到 50%,4.5 d 达到 75%,死亡速率略低于单独 1 mg/L 氯胺时的杀灭效果,但后期死亡速度变缓。二氧化氯或氯胺浓度升高,都会使淡水壳菜进行闭壳保护,死亡速率变慢。"1 + 3"组合时,第 3 d 开始出现死亡,第 4 d 后死亡率超过质量浓度为 1 mg/L 和 3 mg/L 的二氧化氯单独作用。此结果说明两种药剂联合在一起的确能够加快杀灭的效率。

当以"3＋3"和"3＋5"方式组合时,效果比质量浓度为 3 mg／L 的二氧化氯单独作用时效果差,这与淡水壳菜闭壳保护的能力相符。

药剂浓度的增加会影响淡水壳菜的开闭壳行为和自我保护的能力。之所以试验中两种药剂联合起来作用效果并不理想,应该与药剂浓度过大有关。若减少药剂的投加量,杀灭速率会加快。不但能节约成本,还能达到事半功倍的效果。此方法还值得深入探讨,将两种氧化剂以较低浓度组合,例如"0.5＋0.5"等方式组合。

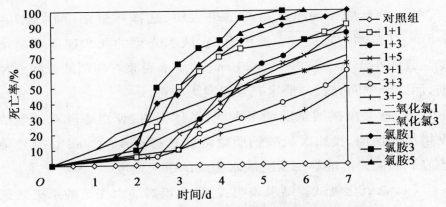

图 4.30　二氧化氯和氯胺联合作用及单独作用效果比较

4.3　本章小结

本章阐述了 5 种水处理常用氧化剂(高锰酸钾、次氯酸钠、二氧化氯、氯胺和过氧化氢)对淡水壳菜的杀灭作用及对淡水壳菜足丝的溶解能力,同时对氧化剂联用技术杀灭淡水壳菜进行了介绍,得出的主要结论如下。

（1）由淡水壳菜的生物学特性可知,在恶劣环境下,淡水壳菜能够闭壳,阻止外界对它的影响,将自己保护起来。当氧化剂浓度增加到一定程度,它便完全关闭双壳。因此,每种氧化剂对淡水壳菜的杀灭均有一个最适宜浓度。当死亡率达到80%以上,死亡速率变慢,受个别个体的生命力强弱影响较大,因此实际应用中可选择杀灭70%~80%后停止药剂的投加,既能杀灭大部分的淡水壳菜,又能节省运行时间。

（2）高锰酸钾的杀灭试验结果表明,选择质量浓度在1.2~1.5 mg/L范围内较适宜。温度升高,淡水壳菜的死亡速率明显增加。壳长小于10 mm和大于20 mm的淡水壳菜对药剂的忍耐力稍弱,而处于中间壳长的淡水壳菜忍耐力较强。

（3）次氯酸钠的试验结果表明:总体上讲,死亡率随有效氯浓度增加而增加,投加次氯酸钠质量浓度选择在4~5 mg/L时效果较好。温度升高能够加快对淡水壳菜的杀灭速度。

（4）二氧化氯试验结果表明:二氧化氯对淡水壳菜的杀灭效果较好。当二氧化氯质量浓度为5 mg/L时效果最佳。3~5 mg/L为二氧化氯投加的最适宜浓度,且高温下效果较好。

（5）氯胺试验结果表明:当原水中氯胺质量浓度为3 mg/L时,对淡水壳菜的杀灭作用最强;1 mg/L效果也较好。选择投加质量浓度为1~3 mg/L的氯胺在实际生产中较为可行。

（6）过氧化氢试验结果表明:温度较低时,对淡水壳菜的杀灭效果并不是很好,但随着温度的升高和质量浓度的增大,杀灭效果也越明显。结合过氧化氢对藻类的去除,实际投加质量浓度选择 4 ~ 5 mg/L 较为合适。

(7) 只有次氯酸钠对足丝有溶解作用,其他几种氧化剂则不能使足丝溶解。

(8) 将 5 种氧化剂对淡水壳菜的杀灭效果进行比较发现,高锰酸钾投药量较省,质量浓度为 1.2 ~ 1.5 mg/L 便可对淡水壳菜起到很好的杀灭作用;二氧化氯、氯胺对淡水壳菜的杀灭速率较快;而次氯酸钠对淡水壳菜杀灭速度一般,但能够溶解淡水壳菜的足丝,降低其附着能力,使其更容易脱落。因此,可选择将其他氧化剂与次氯酸钠联合杀灭。

(9) 两种氧化剂同时作用时,效果要好于每个氧化剂单独作用。达到一定质量浓度后,当任一种氧化剂质量浓度升高时,反而降低了死亡速率。

(10) 当高锰酸钾与次氯酸钠以"0.5 + 3"方式组合和"1 + 1"组合时对淡水壳菜的杀灭作用较其他组合方式强。室温 20 ℃,"1 + 1"组合方式第 13 d,死亡率达到 85%;"0.5 + 3"的组合方式第 7 d 才开始有个体死亡,但死亡速率较"1 + 1"的组合方式快,第 12.5 d 达到 90%。实际应用选择"0.5 + 3"方式组合或"1 + 1"组合方式时较好。虽然两种氧化剂同时作用较单独作用效果好,但由于次氯酸钠能够溶解足丝,可使其迅速脱落,实际应用可对此方法进一步验证。

(11) 当二氧化氯和次氯酸钠质量浓度以"1 + 1"和"1 + 3"方式组合时,杀灭淡水壳菜的效果远好于任一氧化剂单独作用。其中"1 + 3"方式组合时杀灭效果最好,25 ℃ 条件下,完全死亡仅需

2.5 d。"1 + 1"组合方式 4 d 死亡率达到 90%。并且,两种氧化剂联合作用,缩短了淡水壳菜的闭合保护时间,能够尽快将其杀灭。

（12）当二氧化氯和氯胺以"1 + 1"组合时,比其他组合方式效果要好,3 d 死亡率达到 50%,4.5 d 达到 75%,死亡速率略低于质量浓度为 1 mg/L 的氯胺单独作用时的杀灭效果。试验中两种药剂联合作用的效果较各自单独作用的效果差。应该与试验选择的组合浓度过大有关,因此该方法还值得深入探讨,将两种氧化剂以较低浓度组合,例如"0.5 + 0.5"等方式组合。

第5章 水力冲刷及氧化杀灭去除淡水壳菜技术综合评价

大量试验证明,采用单一氧化剂或氧化剂联合的方式对淡水壳菜进行杀灭需要时间较长,由于次氯酸钠具有溶解淡水壳菜足丝的能力,能够降低淡水壳菜的附着能力,实际应用中应结合流速的控制。本章探讨了将投加氧化剂与水力冲刷作用结合对去除淡水壳菜效果的影响。此外,本章还从氧化剂效能及持久性、消毒副产物及安全性、经济比较和技术分析4个方面对各种药剂进行了综合分析。

5.1 氧化剂协同水力冲刷作用杀灭去除淡水壳菜

5.1.1 单独依靠水力冲刷作用去除淡水壳菜

水温20 ℃左右,在只有水力冲刷的情况下,控制流速分别为1.2 m/s、1.5m/s、1.8 m/s,冲出淡水壳菜数量随时间的变化如图5.1所示。

可见,单纯的水力冲刷对淡水壳菜的去除起到一定的作用。

流速为 1.2 m/s 时,对淡水壳菜的去除率较低,经过 11 h,仅去除 5%;当流速上升到 1.5 m/s 时,冲出淡水壳菜数量明显增多,5 h 后,去除 10%,11 h 后,可去除 20%;流速升高到 1.8 m/s 时,冲出 淡水壳菜数量仍有所增加,3 h 可去除 10%,5 h 去除率达 14%, 11 h 可去除 30%。有研究表明,当水流速度大于 1.3 m/s 时,其在 管壁上的附着数量降低。

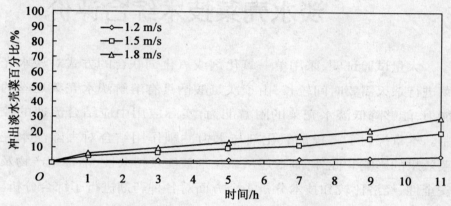

图 5.1　不同流速下冲出淡水壳菜数量随时间变化曲线

由此可见,增加管道中水流速度能够去除部分淡水壳菜,但去 除率较低。在长距离输水过程中仍然应该适当增加水流速度,如 控制在 1.5 m/s 左右,可减少幼体或成贝的附着,避免其在管道中 滋生,以达到预防的目的,同时也能够使部分淡水壳菜成体脱落。

5.1.2　氧化剂与水力冲刷联合作用的效果

单纯的水力冲刷对淡水壳菜的去除作用并不明显,由于次氯 酸钠对淡水壳菜的足丝具有溶解作用,本章以投加次氯酸钠为例, 结合水力冲刷的作用,阐述了氧化剂与水力冲刷结合时的效果,为实际应用提供进一步参考。

原水水温为 20 ℃左右,原水中投加次氯酸钠质量浓度为 4 ～ 5 mg/L,将水流速度控制在 1.5 m/s。结果如图 5.2 所示。

试验发现,由于淡水壳菜对足丝的溶解,降低了淡水壳菜的附着能力,同时在较高流速下,能够将淡水壳菜在短时间内去除。在不加次氯酸钠的情况下,11 h 仅去除 20%,而投加质量浓度为 4 ～ 5 mg/L 的次氯酸钠可在 5 h 时去除 20%,11 h 去除 50%。

温度升高会加快淡水壳菜的死亡,同时能提高足丝的溶解性能。因此,其他氧化剂与次氯酸钠组合不但能够尽快杀灭淡水壳菜,使其快速脱落,同时能够节省药剂的投加。

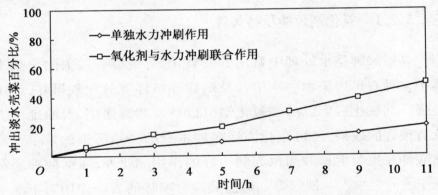

图 5.2　氧化剂和水力冲刷联合作用对淡水壳菜的去除效果

研究表明,氧化剂与水力冲刷作用结合能够快速清除管道内的淡水壳菜,但是通过短时间足丝的溶解作用并不能造成淡水壳菜的死亡,在长距离输送过程中,在流速较缓的部位淡水壳菜还会重新分泌足丝附着生长,仍能够继续繁殖幼体,并且短时间的氧化剂杀灭会使管道内的未脱落个体重新恢复生命,不能达到彻底清除的目的。所以,为了防止淡水壳菜的二次附着及生命力的恢复,仍需要长时间采用氧化剂杀灭,再结合水力冲刷的作用将其去除。

5.2 氧化杀灭去除淡水壳菜技术综合评价

结合水力冲刷作用能够去除部分淡水壳菜,但效果不好,仍需要投加氧化剂使淡水壳菜尽快从管道中去除,不造成二次污染。而药剂的选用还受诸多因素的影响,下面将 5 种氧化杀灭去除淡水壳菜的技术进行分析比较。

5.2.1 氧化剂效能及持久性

高锰酸钾是水处理中常用的强氧化剂,能够有效去除污染水体中多种有机污染物。在中性及弱碱性条件下氧化效果好,稳定性强。其氧化后生成的二氧化锰可以增强絮凝作用,对浊度的去除有很好的效果,还可强化高锰酸钾本身的去除污染的效果。高锰酸钾在控制生长方面也起到很好的作用。此外,高锰酸钾还常用于去除色度[133]、铁锰等。高锰酸钾对嗅味的去除作用对于淡水壳菜死亡后腐烂使水体嗅味增大的问题起到了很好的控制作用。高锰酸钾在投加质量浓度为 1.3 mg/L 时除藻效果较好[134]。这与杀灭淡水壳菜的适宜质量浓度范围 1.2~1.5 mg/L 恰好吻合,在此范围内既能够除藻,减少淡水壳菜的食物来源,同时对其进行杀灭,应该能达到事半功倍的效果。藻类对淡水壳菜生存的影响及高锰酸钾除藻杀灭淡水壳菜同时进行的效果需进一步探究。

次氯酸钠是一种强氧化剂、消毒剂、漂白剂,性能不稳定,易分解,有效氯在贮存过程中逐渐降低,分解速率随温度升高而升高。次氯酸钠在水中生成 HOCl,HOCl 部分电离生成 H^+ 和 OCl^-,能够较好地穿透双壳类的细胞膜。本试验是在原水条件下测定了次氯酸钠的衰减规律及杀灭效果,在试验原水条件下采用质量浓度为 4 ~ 5 mg/L的次氯酸钠便可以达到很好的杀灭清除淡水壳菜的效果,次氯酸钠具有能够溶解淡水壳菜足丝的优势,可以降低淡水壳菜的附着能力而将其去除,是高效的去除淡水壳菜的方法。

二氧化氯是较强的氧化剂,性质不稳定,一般需现场制备,但在水中稳定性较好。在较大的 pH 值范围(6 ~ 10)内表现出高效性,过程中不会产生氯味。二氧化氯不但能杀菌消毒,对铁锰和嗅味的去除也有一定作用,在氧化过程中还可抑制三卤甲烷(THMs)的生成,不形成氯酚。但去除亚硝酸盐氮效果较差。

二氧化氯除具有以上优点外,既可以单独使用,也可以与其他氧化剂联合使用。氯胺在水中衰减慢,分散性好,穿透生物膜能力较强,活性低,持久性好,对于长距离输水管道末端的生物控制有较好的效果。其控制生物生长的效果比自由氯好[135]。

过氧化氢是较为理想的预氧化剂和消毒剂,使用时不会引入其他杂质,无腐蚀性,且药剂较稳定,分解速度慢,能够较长时间维持残余浓度。过氧化氢可抑制藻类的生长,能否从食物来源方面从根本上控制淡水壳菜的数量有待于进一步研究。过氧化氢对铁锰也有一定的去除作用。过氧化氢能够与多种物质协同作用,达到更好的杀灭微生物的效果,如:与臭氧联合,金属离子协同作用,与紫外协同等。[136]

5.2.2 消毒副产物及安全性比较

高锰酸钾氧化过程中尚未发现生成 USEPA 规定的有毒有害副产物,可能与其氧化作用方式以及氧化过程中生成的新生态水合二氧化锰的吸附作用有关。同时,高锰酸钾还能够显著控制氯化副产物 THMs 的生成量,破坏前驱物质,使水的致突变性降低。[137]

次氯酸钠是一种高效的消毒剂,在消毒过程中也会产生三氯甲烷等氯消毒副产物。

二氧化氯产生副产物较少,对于降低 THMs 有显著优势,不会生成氯酚,但其副产物 ClO_2^- 和 ClO_3^- 会在毒理学方面产生其他影响。二氧化氯既可以单独作用,也可与其他消毒剂联合作用。若将二氧化氯用作主消毒剂或氧化剂,滤后水中再投加氯或氯胺,能够防止 THMs 的生成,同时,能够减少副产物 ClO_2^- 和 ClO_3^- 的量。与次氯酸钠联用既能保证消毒效果的稳定可靠,又从根本上解决了单独使用二氧化氯消毒造成亚氯酸盐易超标的水质问题。

氯胺消毒产生的氯化消毒副产物较低,但会生成 CN—Cl,但检测并未超出规定浓度,还会产生 N - 亚硝胺类、卤乙腈和卤硝基甲烷等副产物。在降低卤乙酸生成方面化合氯较自由氯效果好,$Cl:NH_3$—N 比值降至 4:1,可降低总卤乙酸生成量和三卤甲烷生成量,同时,减少了二溴一氯甲烷的生成;在水体中含有溴离子的情况下,可降低溴代消毒副产物生成;氯胺消毒接触时间增加对消毒副产物生成量影响不大,pH 值升高同样可以减少副产物生成的种类和数量。[138]氯胺消毒时,控制 Cl:N 在 3:1 ~ 4:1 范围内比较适宜,此范围内主要成分为一氯胺。对于实际水体,pH 值为 6~8,Cl∶N 为 4∶1 时氯胺成分受水体 pH 值变化影响较小。最新研究表明,氯胺消毒会造成饮用水管网中硝化作用增强,亚硝酸盐含量升高等。过氧化氢由于本身只含氢、氧两种元素,氧化时不会产生有毒副产物,是绿色环保的氧化水处理剂。试验证明,过氧化氢氧化时本身产生的有效氯很少,能有效去除水中低分子量的溶解性有机物,减少消毒产生的有机氯。

5.2.3　经济比较

选择适合的氧化剂对淡水壳菜进行杀灭还要考虑水厂使用该药剂的成本问题[139]。

通过对市场上各种药剂价格的分析比较,将各种氧化剂最适宜浓度下,使用成本进行了估算,由于投加氧化剂后可将淡水壳菜杀灭,不需要长期连续投加,因此,本章未考虑运行费用,单纯计算了药剂的成本。见表 5.1[140]。

表 5.1　氧化剂成本比较

氧化剂名称	投加量/(mg·L^{-1})	药剂成本/(元·t^{-1})
高锰酸钾	1.5	0.040
次氯酸钠	5	0.004
二氧化氯	5	0.030
氯胺	3	0.025
过氧化氢	5	0.028

由表 5.1 可知,高锰酸钾价格较高,但操作简便易行。其次是

二氧化氯,虽然价格稍高,但在可接受范围,且二氧化氯对淡水壳菜的杀灭效果较好。二氧化氯现在普遍采用电解食盐水法使二氧化氯的制备成本降低,装置可长年不停运转。过氧化氢的价格较高,单独作用所需时间较长,成本较高,在杀灭淡水壳菜时低温效果并不理想。虽然近几年过氧化氢作为预氧化剂和消毒剂取得了一定进展,但距离实际应用还有很大差距。氯胺对淡水壳菜的作用明显,且较迅速,成本较低,是较好的杀灭药剂。但氯胺消毒需要在液氯消毒基础上增加加氨设备,同时,设备的维护运行费用可能会有所增加[141]。次氯酸钠是最经济有效的方式,但单独作用缓慢,若与其他氧化剂联用,既经济,又高效。

5.2.4 技术分析

采用高锰酸钾氧化,操作简便易行,但价格较高。二氧化氯压缩或贮存都具有一定的危险性,必须现场生产。但二氧化氯的投加方式与液氯的投加方式类似,因此较容易在水厂已有的投加设施基础上改造。次氯酸钠使用方便,易于贮存运输。氯胺消毒,以原水的氨氮值为基值加氨,再按照 Cl:N 约 4:1 控制加氯量,需要在液氯消毒基础上增加加氨设备。氯胺消毒系统的设备运行较其他方式复杂。过氧化氢在饮用水中应用较少,通常与亚铁离子形成芬顿体系,或与臭氧等结合形成高级氧化技术,应用于废水的处理中。

5.2.5 综合评价

将几种氧化剂对淡水壳菜杀灭淡水壳菜的特点进行比较,见表 5.2[142]。

表 5.2　几种氧化剂特点比较

药剂名称	投加量/(mg·L^{-1})	效果	氧化能力和药剂持久性	副产物及安全性	经济成本分析	技术操作
高锰酸钾	1.2~1.5	单独作用缓慢	强氧化剂,氧化效果好,稳定性高	尚未发现有毒有害副产物生成	较高	简便易行
次氯酸钠	4~5	杀灭效果缓慢,但能溶解足丝	强氧化剂,不稳定,易分解	三卤甲烷等氯化副产物	较低	使用方便
二氧化氯	3~5	效果好	强氧化剂,持久性较好	副产物较少;能降低 THMs,不生成氯酚,但生成亚氯酸盐	较高	需现场制备
氯胺	1~3	效果好	衰减慢,分散性好,穿透能力强	产物较少;产生 N-亚硝胺类、卤乙腈和卤硝基甲烷等	一般	需在加氯设施基础上增加加氨设备
过氧化氢	4~5	一般	较稳定,分解速度慢	不产生有毒副产物	较高	常形成芬顿体系或用于高级氧化技术,饮用水应用较少

综合以上分析,结合对淡水壳菜的杀灭作用,建议氧化剂投加采用以下方式:

(1)利用次氯酸钠对足丝的溶解性能,使其与高锰酸钾联合,既能节约成本,又能很好地去除淡水壳菜,且高锰酸钾具有去除色度、嗅味、铁锰、藻类等优势,且操作简便,投药量较省。高锰酸钾与次氯酸钠联合,采用"0.5+3"方式组合或"1+1"组合方式时较好,20 ℃时,12 d左右可杀灭淡水壳菜80%左右。

(2)选择二氧化氯和次氯酸钠联合,二氧化氯对淡水壳菜的杀灭效果较好,且产生消毒副产物少,与次氯酸钠联合可降低其溶解能力。二氧化氯和次氯酸钠组合浓度以"1+1"和"1+3"方式组合时较为适宜,25 ℃条件下,2~3 d可杀灭淡水壳菜80%左右。

将以上投加方式与水力冲刷作用结合,冲洗流速控制在1.5 m/s以上,可在短时间内去除部分淡水壳菜,长时间作用效果更好,不但能杀灭淡水壳菜,还能够将死亡个体彻底从管道中去除。

对适用药剂的选择还应综合考虑当地的原水条件、管道状况、水厂规模、经济条件等因素的影响。

5.3 本章小结

本章阐述了水力冲刷作用对淡水壳菜的去除效果。同时,将5种氧化剂从氧化剂效能及持久性、消毒副产物及安全性、经济比较和技术分析4个方面进行了综合分析。得到的主要结论如下:

（1）高锰酸钾杀灭淡水壳菜用量省,操作简便,可与次氯酸钠联合使用。高锰酸钾与次氯酸钠"0.5 + 3"方式组合或"1 + 1"方式组合时效果较好。

（2）次氯酸钠单独作用时质量浓度需 4 ~ 5 mg/L,单独作用时间长,但具有溶解淡水壳菜足丝的特性,成本低。

（3）二氧化氯生成副产物较少,成本稍高,但对淡水壳菜杀灭效果较好。投加质量浓度为 3 ~ 5 mg/L,可较快杀灭淡水壳菜,可与次氯酸钠以"1 + 1"和"1 + 3"方式联合使用。

（4）氯胺衰减慢,分散性好,穿透能力强,对淡水壳菜杀灭效果很好,且投加量较低,质量浓度为 1 ~ 3 mg/L,但需在加氯设备基础上增加加氨设备。

（5）过氧化氢成本较高,对淡水壳菜杀灭效果一般,饮用水中应用较少。

（6）利用氧化剂联用技术可综合两种氧化剂的优点,达到更好地杀灭淡水壳菜的效果,高锰酸钾与次氯酸钠联用时,可采取"0.5 + 3"和"1 + 1"的组合方式;二氧化氯和次氯酸钠联用时可采取"1 + 1"和"1 + 3"的组合方式。

利用水力冲刷和氧化剂联用技术可达到更好的效果。

第6章　封闭缺氧法杀灭去除淡水壳菜

淡水壳菜维持其基本生命活动需要一定浓度的溶解氧,当水中溶解氧浓度下降到低于此限值,不能维持淡水壳菜基本生命活动时,淡水壳菜会大量死亡。通过封闭的方法,使淡水壳菜生存所需的溶解氧和食物不断减少,最终使其死亡。死亡的贝类和其排泄物分解过程会加速溶解氧的消耗。此外,在缺氧的条件下淡水壳菜代谢会产生某些有毒物质加快其死亡[143]。

以下试验研究了人为隔绝氧气和食物等养分对淡水壳菜生存状况的影响,为采用管道封闭法杀灭和去除淡水壳菜提供依据。

取一定壳长且自然分布的团状壳菜约 50 cm^3 放入培养皿中,加入 3~4 倍于淡水壳菜体积的原水后盖上培养皿盖,并用锡纸将培养皿完全包裹避光。参照管道停水期间两端堵塞的试验条件,试验期间不换水,也不剔除死亡壳菜。每次设 3 组平行试验。同时设置一对照试验组,除了每 12 h 换一次水并留有通气孔外,其他条件与试验组相同。定期进行水温、溶解氧和壳菜死亡率检测。水温为(20±2)℃、淡水壳菜与水的体积比为 1:3。对溶解氧及淡水壳菜死亡率随时间变化趋势的监测结果显示,当试验进行到第

4 d 时,约有 5% 的淡水壳菜死亡,同时培养皿的水开始变浑浊,并散发出腐烂的腥臭味;从第 5 d 开始淡水壳菜的死亡率迅速增加,到第 9 d 时死亡率达到 85% ,第 11 d 时达到 100% 。与此同时,水中的溶解氧值呈现出稳定下降的趋势。由于没有溶解氧补充,而活体淡水壳菜生长过程中要消耗大量的氧气,因此在试验的前两天溶解氧下降速度最快。此外,死亡的淡水壳菜及其分泌物等在被微生物分解的过程中,也需要不断自耗氧气,导致水中的溶解氧持续下降,当下降到不能维持淡水壳菜的基本生存条件时淡水壳菜便大量死亡。

试验中也观察到,不同壳长的淡水壳菜对缺氧环境的耐受能力不同。在试验进行到第 9 d 时测定了不同壳长组的死亡率,结果见表 6.1。

表 6.1　不同壳长淡水壳菜的死亡率比较

壳长/mm	10~15	5~10	15~20	0~5
死亡率/%	77.6	86.7	91.7	100

可以看出,壳长处于两端的淡水壳菜对缺氧环境的耐受力较差,而壳长为 5~15 mm 的壮年淡水壳菜的耐受能力相对较强。在相同的试验条件下,0~5 mm 的淡水壳菜约 8 d 便已完全死亡,而使 10~5 mm 的淡水壳菜完全死亡则需要 11 d 左右。

淡水壳菜与水的体积比也对淡水壳菜的死亡速度有影响,由图 6.1 及图 6.2 可以看出,淡水壳菜与水的体积比越大则溶解氧的消耗越快,壳菜生长密度越高则溶解氧的下降速度越快,所需杀灭时间就越短,其中 A 组淡水壳菜与水的体积比为 1:3,B 组的为 1:4。

通过封闭的方式,切断淡水壳菜赖以生存的溶解氧及食物等养分的供给,能够达到杀灭淡水壳菜的目的。水中溶解氧因不断被消耗而下降是导致淡水壳菜死亡的主要原因,水温越高、淡水壳菜在水中所占体积越大,则淡水壳菜的死亡速度越快。由于水温越高,此方法效果越好,因此选择在炎热的夏季及淡水壳菜的繁殖期间实施此方法效果更好。但高温时供水量一般会增加,淡水壳菜与水的体积比降低,故此方案实施需综合考虑温度、水量和繁殖时间。

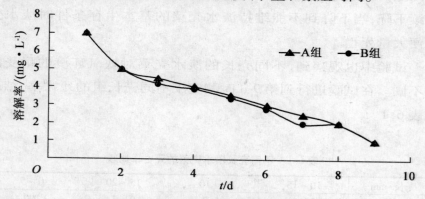

图 6.1　不同淡水壳菜与水体积比时的溶解氧变化趋势

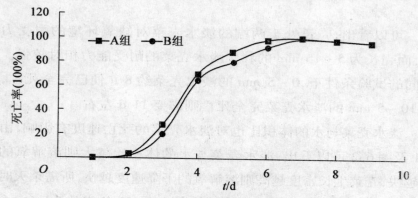

图 6.2　不同淡水壳菜与水体积比时的死亡率比较

第7章 长距离输送管道中
淡水壳菜的控制措施

7.1 生产性试验结果分析

生产性试验表明,二氧化氯需要现场制备,数量很大时无法应用;由于暂时缺乏加氨设备,氯胺也无法使用,需要做进一步的设计与规划;过氧化氢无有毒副产物,但是价格较高,效果不理想;在选择高锰酸钾和次氯酸钠时,显然在高锰酸钾不能大剂量使用的前提下,次氯酸钠是最为经济实用的氧化剂。

糙率大的隧洞和箱涵的内表面,淡水壳菜的生长分布密度稠密、单位面积数量多;糙率小的钢管及有内防腐的PCP管等的内表面,淡水壳菜的生长分布密度小、单位面积的个体数量少。[144]

在北江原水取水端口进行生产性试验,利用泵站已有的加氯设备,用流量计稳定控制次氯酸钠的浓度和原水水量,连续投加4 h,保证管道内的淡水壳菜连续4 h接触到次氯酸钠。得到余氯变化情况如图7.1所示。

　　从图 7.1 可以看出,西海取水头部投加药剂从 9∶30 开始,管道末端南洲水厂在 14∶00 检出余氯的质量升高,中间间隔 4.5 h,水流平均流速为 1.67 m/s。2011 年 12 月 27 日投加次氯酸钠 2 mg/L,数据显示最高质量浓度为 1.42 mg/L,余氯一开始就损失了 35% 以上,试验中发现取水头部格栅处投加药剂后,水面浮出数百条鱼,说明有一部分次氯酸钠进入鱼体内,造成鱼大量死亡。因此余氯浓度较低,10∶30 的峰值在末端 15∶00 得到体现,余氯质量浓度的突然下降,可能是控制次氯酸钠减小流量的缘故。下午在末端余氯的质量浓度平均值为 0.55 mg/L,为总量的 27%。

　　第 1 d、第 2 d 流量都不平均,第 3 d、第 4 d 余氯的波动就小了,投加次氯酸钠的流量比较稳定。后两天的初始投加 3.5 mg/L,取水口余氯平均质量浓度为 2.4mg/L,占初始量的 68.6%,末端平均质量浓度为 1.3 mg/L,占总量的 37%。

　　分析得知,有效氯为投加氯的 65% ~70%,末端余氯为投加氯的 27% ~37%,即管道中间消耗了 31% ~38% 余氯。

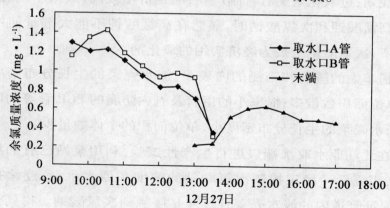

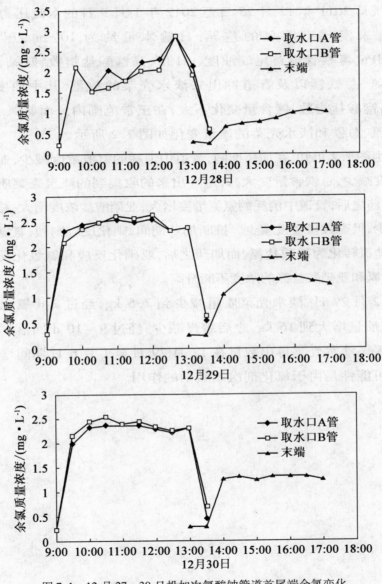

图 7.1 12 月 27 ～ 30 日投加次氯酸钠管道首尾端余氯变化

统计 2011 年 12 月 25 日至 2012 年 1 月 9 日的水流压力在线监测,未发现有明显的差异,日输水量约为 10^6 m^3,压力为 0.3 MPa。考察管道首尾端浊度、pH 值、高锰酸盐指数、氨氮、亚硝酸盐氮、总铁锰以及管道冲出来淡水壳菜的数量,其中浊度、pH 值、高锰酸盐指数、锰含量变化不大,在正常范围内。而氨氮、亚硝酸盐氮、总铁和淡水壳菜的质量变化如图 7.2 所示。

由图 7.2 可知,在加药期间,管道中消耗的氨氮浓度减少,亚硝酸盐浓度减少,总铁含量变大,管道冲出来的收集到的淡水壳菜质量增大;加药之后,管道中消耗的氨氮浓度增大,亚硝酸盐浓度增大,总铁含量减少,贝壳数量缓慢减少。推断加药期间,硝化反应剧烈,氨氮和亚硝酸盐氮转化为硝酸盐氮,而加药之后,亚硝化反应和氨氧化反应剧烈,氨氮和亚硝酸盐氮的浓度不断升高。

12 月 27 日,淡水壳菜质量减少到 7.5 kg,经过 2 d 氧化剂的投加,质量增大到 16 kg,之后缓慢减少,经过 9～10 d 回落到之前的水平。淡水壳菜排出数量在 12 月 29 日至 1 月 6 日期间增长最大的可能性是由于氧化剂次氯酸钠的作用。

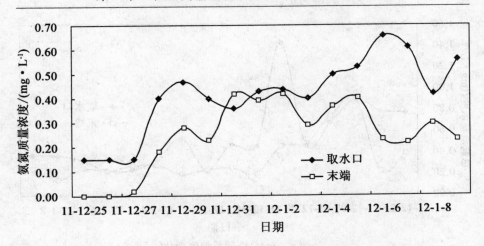

(a)氨氮质量浓度变化

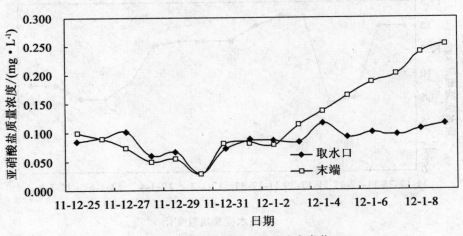

(b)亚硝酸盐质量浓度变化

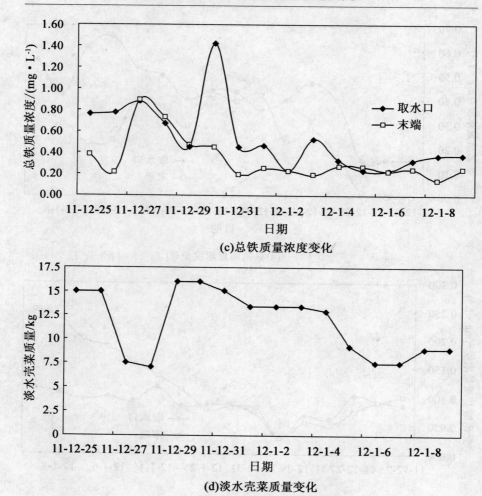

(c)总铁质量浓度变化

(d)淡水壳菜质量变化

图 7.2　2011 年 12 月 25 日至 2012 年 1 月 9 日管道首尾端变化情况

7.2　实际长距离输送管道中淡水壳菜污染的控制技术方案

7.2.1　淡水壳菜滋生的预警

淡水壳菜大量滋生的时期是每年的 3～4 月和 9～10 月。判断淡水壳菜是否大量滋生的重要条件有藻类和有机物的含量。在原水输水管道两端检测藻类和有机物含量的变化,假如头部营养很丰富,末端营养相比减少了好多,那么说明有大量的营养物质损耗在管道内,很有可能是被淡水壳菜和别的微生物等滤食掉了。

观察冲到格栅处淡水壳菜壳长的总体分布,比如说在一个团簇中,有很多壳长很小,肉眼仔细看才能看见的淡水壳菜,那么说明,之前的一两个月淡水壳菜已经繁殖了一代,稚贝的抗药性低,杀灭效果较好。长至 8 mm 以上的淡水壳菜已经有半年了,能够开始繁殖下一代了。

每月统计的输送每千立方米水消耗的电能,也能从一方面反映出管道沿程阻力的大小。在管径缩小的地方,相同水流速度流过所产生的压力会增大,原水输水管道沿途检测管道压力变化也能探知淡水壳菜堆积较厚的地方。

7.2.2 淡水壳菜预防措施

1. 水源地控制

在水源地放养捕食淡水壳菜的经济鱼类来控制水源中淡水壳菜,防止其大量繁殖。

2. 增设预处理设施

可在取水口设置滤网,截留住大部分的淡水壳菜成体;一般的滤网可有效地隔离成体,但对体长远小于滤网孔径的淡水壳菜幼虫却无效果。

3. 设置砂滤池法

采用大断面、多层次滤网防止幼体进出并减少食物来源,建造过滤池,使原水经过砂过滤处理,使孳生的幼体不能通过砂滤进入取水管涵。根据资料表明,当粒径小于 0.42 mm 的砂层厚度达到 3 cm,过滤速率达 $1.8\ m^3/(m^2 \cdot h)$,体长 65 μm 的幼体即不能通过。在实际应用中,过滤速率和滤过幼虫的大小受沙面上方水柱高度、砂层厚度的影响,需合理选取砂粒粒径,控制砂滤池流速及水量,并及时清除砂滤池堵塞物。

4. 膜分离工艺

膜分离工艺有普通过滤、微滤、超滤、纳滤、反渗透等几种。淡水壳菜幼虫个体大于 10 μm,所以采用普通过滤就可以将其大量幼体除去,具有高效的分离固液和截留水中杂质的能力,在原水处理环节应用较多。

还有一些新的治理思路,如采用压力输水管道使淡水壳菜幼体不能存活;研究诱捕器来诱捕幼体;加热杀灭幼虫或在取水口处采用强光驱赶或生态水冲洗,阻止幼虫进入取水口;采用极限水流流速作为设计的正常运行流速;输水工程采用双管道运行,在淡水壳菜繁殖期内交替运行等,需进一步研究这些方法的适用效果。

7.2.3　淡水壳菜清除技术方案

在北江原水输送工程中,淡水壳菜清除技术具体实施方案为连续 $4 \sim 5$ d 投加质量浓度为 $3 \sim 4$ mg/L 的次氯酸钠,每天投加的持续时间在 4 h 以上。管道末端半月内排除淡水壳菜近 200 kg。

在冬季,淡水壳菜生理活动少,加药后由于管道内有较低的余氯,淡水壳菜闭合自我保护,所以收集到的数量较少。而在种群密度较大时,相同氧化剂投加量下,淡水壳菜的死亡率较高。例如分别在淡水壳菜密度为 40 个/L 和 10 个/L 的条件下,加入质量浓度为 1 mg/L 的次氯酸钠,40 个/L 的死亡率高出 $30 \sim 40$ 个百分点。有研究表明,管道内淡水壳菜在 $4 \sim 10$ 月的月平均数量高出 11 月到次年 3 月的月平均数量,因此在春末至秋末时期投加氧化剂较为合适。

建议多进行几次原水管道氧化剂投加试验,尤其是在繁殖期 3、4 月,9、10 月和夏季,每次搜集相关数据,特别是水质变化和淡水壳菜冲出来的数量,经过数年的系统比较,才能较为准确地得到投加次氯酸钠去除淡水壳菜的效果结论。

第8章 控制淡水壳菜危害的生产性试验

输水管道中淡水壳菜的数量逐年增长,每年的繁殖量超过单独水流冲刷作用的排出量。所以试验设定投加消毒剂,在杀死个体,阻止其繁殖的同时,加大冲刷下来的比例,人工清理后防止淡水壳菜再次进入水体。

水厂管道杀灭淡水壳菜目前采用一次投加次氯酸钠在吸水井中,然后用水泵抽吸进入管道的方法,连续运行 4 h,保证管道中有效氯质量浓度为 2 mg/L。在杀灭期间管道不停水,到达水厂时氯浓度基本达标,水无须排放,水厂平均 1~2 个月杀灭一次。根据调查结果显示,处理效果不尽如人意,需要进行方法改进和试验验证。

8.1 原水余氯和高锰酸钾衰减规律

在纯水环境下,氧化剂会缓慢衰减,而在原水中衰减量会更大,氧化剂还原许多的有机物、无机物,杀死微生物和浮游动植物,所以能作用于淡水壳菜的实际浓度往往比理论值低。

（1）余氯衰减规律。

以下试验说明了纯水中的余氯衰减规律，试验结果如图 8.1 和图 8.2 所示。

在纯水中，余氯质量浓度在 10 h 内只下降了 0.2～0.3 mg/L，衰减速度很慢，而在原水中配制了 4 个质量浓度的次氯酸钠，用余氯仪检测后得到数据分别为 4.84 mg/L、4.32 mg/L、3.32 mg/L、0.94 mg/L，在 18 h 后，分别衰减到 4.62 mg/L、3.55 mg/L、0.93 mg/L、0.05 mg/L。余氯初始质量浓度下降的幅度较大，6 h 后稍微减慢。余氯初始浓度越低，在水中衰减越快。由此可知，当投加次氯酸钠质量浓度小于 1 mg/L 时，3 h 就接近 0 了；当投加次氯酸钠质量浓度小于 2 mg/L 时，10 h 衰减一半；当投加次氯酸钠质量浓度在 3 mg/L 左右时，每 12 h 换一次药剂，实际余氯的效能只有理论值的 75%。

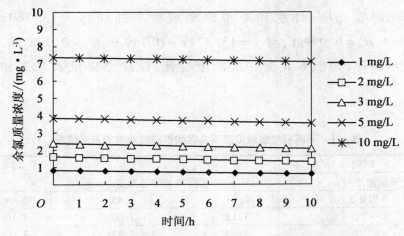

图 8.1　不同初始浓度下余氯在纯水中的衰减情况

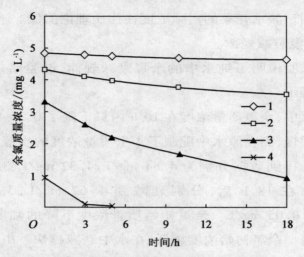

图 8.2　不同初始浓度下余氯在原水中的衰减情况

（2）高锰酸钾衰减规律。

将配制的质量浓度为 0.5 mg/L、1 mg/L、2 mg/L、4 mg/L、10 mg/L 的高锰酸钾纯水溶液和高锰酸钾原水，立即在 530 nm 波长下测得吸光度，纯水和原水绘制成标准曲线，$y = 13.769x - 0.130\,4$，$R^2 = 0.999\,1$，与 $y = 13.371x - 0.149\,9$，$R^2 = 0.993\,2$。避光密封保存，每隔 6 h 测一次浓度变化，试验结果见表 8.1 和表 8.2。

表 8.1　不同初始质量浓度下高锰酸钾在纯水中的衰减情况

时间/h	0	6	12
设定质量浓度/$(mg \cdot L^{-1})$	实际测量质量浓度/$(mg \cdot L^{-1})$		
0.5	0.51	0.45	0.49
1	1.12	1.06	1.10
2	1.94	1.92	2.00

续表 8.1

时间/h	0	6	12
设定质量浓度/(mg·L^{-1})	实际测量质量浓度/(mg·L^{-1})		
4	3.80	3.72	3.86
10	10.01	9.91	10.04

表 8.2　不同初始质量浓度下高锰酸钾在原水中的衰减情况

时间/h	0	6	12
设定质量浓度/(mg·L^{-1})	实际测量质量浓度/(mg·L^{-1})		
0.5	0.47	0.46	0.39
1	1.51	1.29	1.01
2	1.72	1.54	1.38
4	3.74	3.37	2.40
10	10.07	9.37	7.24

由表 8.1 和表 8.2 可见,纯水中高锰酸钾质量浓度几乎不变,而在原水中第 6～12 h 期间质量浓度下降很多,质量浓度越高,下降的速率越大。当高锰酸钾初始质量浓度为 10 mg/L 时,在前 6 h 下降了 7%,在后 6 h 下降了 22%;当高锰酸钾初始质量浓度为 4 mg/L时,在前 6 h 下降了 10%,在后 6 h 下降了 29%,下降的幅度还是浓度低的大。分析可能的原因是原水中有部分有机物或是微生物与浮游动植物的还原物质与高锰酸钾反应,导致有一定量的浓度损失,使不同浓度的衰减不成线性关系。试验操作技术和仪器的精确度有待改善,数据有两侧偏离的误差。

8.2　淡水壳菜控制措施的技术分析

管道冲出来的收集到的淡水壳菜质量先升高,投加消毒剂之后淡水壳菜质量缓慢减小(图8.3)。

冬季每月管道末端半月内排除淡水壳菜近200 kg。根据小试杀灭试验结果分析,在次氯酸钠3 mg/L作用4 d的情况下,杀死的个体占总体的5%;根据水流冲刷试验结果分析,排出表层淡水壳菜的数量有45%,是单独水流冲刷正常情况下的2.2倍。其中不包括大团簇无法冲刷下来的,如果设定淡水壳菜的厚度是5 cm的话,能冲下来的数量占总数的9%。可以估算出管道内至少还存在2 t的淡水壳菜。冬季的淡水壳菜总体数量大约为夏季的一半,所以在夏季高峰期,管道内淡水壳菜的质量将在4~5 t。通过这一次的生产性试验,能杀死管道中6%的淡水壳菜,排出9%的淡水壳菜;而不加药剂的话,根据培养试验平均每天个体自然死亡的占1%,排出量为4%;如水厂能每月投加一次,一年后就能消灭目前近70%的淡水壳菜,计算上一年淡水壳菜的繁殖增加量,最终能达到控制其不再继续增长的目的。

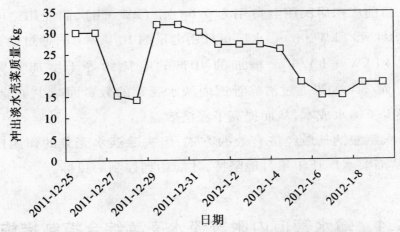

图 8.3　2011 年 12 月 25 日至 2012 年 1 月 8 日管道尾端淡水壳菜质量变化

8.3　淡水壳菜控制措施的经济分析

质量分数为 25% 的过氧化氢的价格为 1 800 元/t;质量分数为 2.5% 的二氧化氯的价格为 2 400 元/t;质量分数为 10% 的有效氯的次氯酸钠的价格为 1 050 元/t;高锰酸钾价格为 19 000 元/t。

如以投加质量浓度为 4 mg/L 计算,过氧化氢的费用为 0.029 元/m³;二氧化氯投加质量浓度为 1 mg/L 计算,投加费用为 0.095 元/m³;高锰酸钾投加质量浓度为 1 mg/L,费用为 0.019 元/m³;次氯酸钠投加质量浓度按 5 mg/L 计算,费用为 0.046 元/m³。目前广东居民用水价格 1.98 元/m³。按照试验进展情况,在 4 h 中,水价上涨 0.046 元/m³,平均到每月用量,水费需增加 0.001 3 元/m³,年平均不足 0.02 元。

目前广东居民用电费用为 0.68 元/(kW·h),商业用途电费为 1.04 元/(kW·h)。水厂每日用电量约 10^5 kW·h,通过换算约为 0.1(kW·h)/m^3。增加的 10% 的电耗约等于增加了费用 0.01 元/m^3。如果通过清除管道内淡水壳菜的数量而减少了能耗,则减少了输水成本,从而提高了经济效益。

次氯酸钠是最经济有效的方式,但去除淡水壳菜的作用比较缓慢,需要水厂长年累月地坚持,才能达到控制的目标。

8.4 输水管道内附着淡水壳菜综合控制措施

在广东某市的原水输送工程中,淡水壳菜清除技术具体实施方案为连续 4~5 d 投加质量浓度为 3~4 mg/L 的次氯酸钠,每天投加的持续时间在 4 h 以上,每月处理一次。夏季处理时间间隔应减少,冬季可延长。通过一年的处理,能有效地控制淡水壳菜的增长,第二年有望减少其总体的数量。

在冬季,淡水壳菜生理活动少,投加消毒剂后,管道中会有少量余氯,淡水壳菜闭合自我保护,所以收集到的数量较少。而在种群密度较大时,相同氧化剂投加量下,淡水壳菜的死亡率较高。在淡水壳菜浓度为 40 个/L 和 10 个/L 的条件下,加入质量浓度为 1 mg/L 的次氯酸钠,40 个/L 的死亡率高出 30~40 个百分点。有研究表明,管道内淡水壳菜在 4~10 月的月平均数量高出 11 月到次年 3 月的月平均数量,因此在春末至秋末时期投加氧化剂较为合适。

通过检测对淡水壳菜的生长起关键作用的水质参数和水质条件,例如 pH 值、水温、溶解氧、藻类等,能判断出群体生长繁殖状况。通过观察淡水壳菜平均壳长变化来推测其繁殖的时期。对输水管道中淡水壳菜的滋生情况需给予密切关注,加大预警预报力度。

8.5　本 章 小 结

在本章节进行实际工程中投加消毒剂以去除淡水壳菜危害综合试验的研究,检测余氯在原水中的含量和其他各项指标,将数据整理,分析了技术方案和经济效益,提出了输水管道内附着淡水壳菜综合控制措施,得出的结论有:

(1)当投加质量浓度为 3 mg/L 的次氯酸钠到原水中,随着时间的延长,余氯在原水中缓慢衰减。经过 4.5 h,无淡水壳菜消耗作用的情况下,余氯浓度将减少初始投加量的 1/3。

(2)淡水壳菜清除技术具体实施方案为连续 4 ~ 5 d 投加质量浓度为 3 ~ 4 mg/L 的次氯酸钠,每天投加的持续时间在 4 h 左右,每月处理一次。有效氯为投加氯的 65% ~ 70%,末端余氯为投加氯的 27% ~ 37%,即管道中间消耗了 31% ~ 38% 的氯。

(3)淡水壳菜的生命活动中会吸收水中的氨氮和亚硝酸盐氮转化为硝酸盐氮,淡水壳菜死亡时则会将体内的氨氮和亚硝酸盐氮释放到水体中。

(4)根据培养试验,平均每天个体自然死亡的数量占总量的

1%,管道中排出量为4%;在质量浓度为 3 ~ 3.5 mg/L 的次氯酸钠中作用 4 d 的情况下,能杀死管道中 6% 的淡水壳菜,排出 9% 的淡水壳菜。如水厂坚持实施此方案一年,就能消灭淡水壳菜目前近 70% 的数量,考虑一年内淡水壳菜的繁殖增加量,最终能达到控制其不再继续增长的目的。

（5）计算本次方案使用的费用,平均每月水费要增加 0.001 3 元/m^3,年平均不足 0.02 元。若能通过清除管道内淡水壳菜的数量进而减少一部分电耗,相当于减少了输水成本,从而提高了经济效益。

参考文献

[1]　FISHER D J, BURTON D T, YONKOS L T, et al. The relative a-
cute toxicity of continuous and intermittent exposures of chlorine
and bromine to aquatic organisms in the presence and absence
of ammonia[J]. Water Research, 1999, 33(3), 760-768.

[2]　ALLONIER A S, KHALANSKI M, CANMEL V, et al. Charac-
terization of Chlorination By－products in Cooling Effluents of
Coastal Nuclear Power Stations[J]. Marine Pollution Bulletin,
1999, 38 (12): 1232-1241.

[3]　WAHL M, et al. Fouling and antifouling－some basic aspects
[J]. Marine Ecology Progress Series, 1989, 58 (12): 175-189.

[4]　SCHNEIDER R P, CHADWICK B R, PEMBREY R, et al. Re-
tentionof the Gram－negative bacterium SW8 on surfaces under
conditions relevant to the subsurface environment effects of con-
ditioning films and substratum[J]. FEMS Microbiology Ecolo-
gy, 1994, 14(3): 243-254.

[5]　JAIN A, BHOSLE N B. Biochemical composition of the marine

conditioning film: implications for bacterial adhesion[J]. Biofouling,2009(25): 13-19.

[6]   MAKI J S, RITTSCHOF D, Costlow J D, et al. Inhibition of attachment of larval barnacles, Balanus amphitrite, by bacterial surface – films[J]. Marine Biology,1988,97(2): 199-206.

[7]   HOLMSTRÖM C, KJELLEBERG S. Marine Pseudoalteromonas species are associated with higher organisms and produce biologically active extracellular agents[J]. FEMS Microbiology Ecology,1999,30(4): 285-293.

[8]   TAIT K, JOINT I, DAYKIN M, et al. Disruption of quorum sensing in seawater abolishes attraction of zoospores of the green alga Ulva to bacterial biofilms[J]. Enviromental Microbiology, 2005,7(2): 229-240.

[9]   ZARDUS J D, NEDVED B T, HUANG Y, et al. Microbial biofilms facilitate adhesion in biofouling invertebrates[J]. the Biological Bulletin,2008,214 (1): 91-98.

[10]   SUTHERLAND I W. The biofilm matrix – an immobilized but dynamic microbial environment[J]. Trends in Microbiology, 2001,9(5): 222-227.

[11]   宋永香,王志政.海洋生物及其粘附机理——藤壶、帽贝、海葵、管栖蠕虫[J].中国胶粘剂,2003,12(4):60-63.

[12]   HORNE, RALPH ALBERT. Marine Chemistry, the structure of water and the chemistry of hydrosphere[DB]. Wiley interscience,1969.

［13］ SUACHEV I N, YALCUBERIKO A R, RUBIN O D. Fouling control at electric stations［J］. Power Technology and Engineering, 2002, 36(4):229-234.

［14］ 黄宗国,蔡如星. 海洋污损生物及其防除［M］. 北京:海洋出版社, 1984:1-3.

［15］ 严涛,严文侠,董钰,等. 海南岛东部海域生物污损的研究［J］. 海洋与湖沼, 1998, 29(4):374-380.

［16］ 建设部给排水产品标准化技术委员会. 城镇污水处理及再生利用标准汇编［M］. 北京:中国标准出版社, 2006:462-467.

［17］ 严涛,胡煜峰,王建军,等. 海水管道系统大型污损生物特点与防除对策［J］. 2013, 3(39): 43-46.

［18］ WOODS HOLE. Marine Fouling & Its Prevention［M］//WOODS HOLE. Oceanographic Institute. Annapolis Maryland:US Naval Institute, 1952: 1-388.

［19］ RELINI G, BIANCHI C N, PISANO E. Marcofouling in the conduits of a middle Tyrrhenian power station［M］//BIOLOGIA MARINA. Madrid:Editorial Garsi, 1980: 279-292.

［20］ WOOD E J F, ALLEN F E. Common marine fouling organisms of Australian waters［M］. Melbourne:Department of the Navy, Navy Office, 1958: 1-23.

［21］ 黄修明,尹建德,刘建军,等. 渤海石油平台附着生物生态的研究［J］. 1994 (35):131-141.

［22］ DEMETRIO BOLTOVSKOY, ALEXANDER KARATAYEV. Sig-

nificant ecosystem – wide effects of the swiftly spreading inva-
sive freshwater bivalve Limnoperna fortunei[J]. Hydrobiologia,
2009,636:271-284.

[23] TAYLOR J J,SOUTHGATE P C,ROSE R A. Fouling organ-
isms and their effect on the growth of silver – lip peal oyster,
Pinctada maxima (Jameson) in suspended culture [J].
Aquac,1997,153(1-2):31-40.

[24] 金启增,周伯成. 合浦珠母贝附着生物防除的研究——附
着生物对合浦珠母贝生长和生存的影响[J]. 热带海洋,
1983(2):141-147.

[25] CLAEREBOUDT M R. Fouling development and its effect on
the growth of juvenile giant scallop (Placopecten magellani-
cus) in suspended culture [J]. Aquac,1994,121(4):327-
342.

[26] 蒋增杰,方建光.附着生物对贝类养殖的影响及其防除[J].
南方水产, 2005,3(1):65-68.

[27] 于瑞海,王如才,田传远,等. 栉孔扇贝大面积死亡原因分
析及预防的探讨[J]. 海洋湖沼通报,1998(3):70-71.

[28] 董军,庄美琪.长距离大流量输水管涵贝类防除研究[J].中
国农村水利水电,2005(3):73-77.

[29] 罗凤明.深圳市供水系统中淡水壳菜的生物学及其防治技
术[D].南昌:南昌大学,2006.

[30] RICCIARDI A. Global range expantion of the asian mussel
Limnoperna fortunei (Mytilidae):another fouling threat to

freshwater systems[J]. Biofouling,1998,13(2):97-106.

[31] 关芳,张锡辉.原水输送涵管中贝类代谢特性研究[J].中国给水排水,2005,31(11):23-26.

[32] DARRIGRAN G. Potential impact of filter – feeding invades on temperate inland freshwater environments[J]. Biological Invasions,2002,4:145-156.

[33] 叶宝民,曹小武,徐梦珍,等.淡水壳菜对长距离输水工程入侵调查研究[J].中国给水排水,2001,7(37):99-104.

[34] YUMIKO URYU,KEIJI IWASAKI. Laboratory experiments on behavior and movement of a freshwater mussel,Limnoperna fortunei(Dunker)[J]. Journal of Molluscan. 1996,62(3):27-34.

[35] DARRIGRAN G,PASTORINO G. The recent introduction of Asiatic Bivale,Limnoperna fortunei(Mytilidae) into South America[J]. The Veliger,1995,38(2):183-187.

[36] 董军,庄美琪.长距离大流量输水管涵贝类防除研究[J].中国农村水利水电,2005(3):73-74,77.

[37] 李名进,苏学敏.长距离输水管涵贝类生长成因分析及防除对策[J].人民珠江,2007(3):34.

[38] XU MENGZHEN,WANG ZHAOYIN,DUAN XUEHUA,et al. Ecological measures of controlling invasion of golden mussel in water transfer system[C]//The 33rd IAHR Congerss:Water Engineering for a Sustainable Environment. Vancouver,Canada:International Association of Hydraulic Engineering & Re-

search（IAHR）,2009：1609-1616.

[39] RICCIARDI A. Global range expansion of the asian mussel Limnoperna fortunei（Mytilidae）：Another fouling threat to freshwater systems[J]. Biofouling,1998,13（2）：97-106.

[40] 陆卫军,张涛.几种河流水质评价方法的比较分析[J].环境科学与管理,2009,34（6）:174-176.

[41] DANIELLE M C,DANIEL P. Molly Mussel – Limnoperna fortunei[J/OL]. New York State Museum,2009,18（2）:14[2010-08-03]. http://biolo. Bg. Fcen. Uba. Ar/primerapagina. Htm.

[42] 徐梦珍,王兆印,段学花.输水管线中淡水壳菜的防治研究[J].中国给水排水,2009,35（5）：205-208.

[43] 刘丽君,张金松,罗凤明,等. 淡水壳菜在含氯水中的开闭壳行为与杀灭效果分析[J].中国给水排水,2007,23（7）：20-22.

[44] 李大美.生态水力学[M].北京:科学出版社,2006.

[45] 付小莉,宾零陵.淡水壳菜的生态水力学特性研究[J].中国农村水利水电.2012（1）:18-21.

[46] DAISUKE NAKANO,TAKUYA KOBAYASHI,ISAMU SAKAGUCHI. Differences in larval dynamics of golden mussel Limnoperna fortunei between dam reservoirs with and without an aeration system[J],Landscape Ecol Eng,2010,6:53-60.

[47] 尹海龙,徐祖信.河流综合水质评价方法比较研究[J].长江流域资源与环境,2008,17（5）：729-733.

[48] 海艳,薛钦昭,牵军.饵料浓度对菲律宾蛤仔呼吸和排泄的影响[J].海洋科学,2001,25(4):37-40.

[49] ALICE M. Nakano Marica Divina by Limnoperna fortuner of the Pantanal wetland[J]. Biological Invasions,2006(3): 97-104.

[50] TREVOR PEARCEL,MICHAEL LABARBERA. A comparative study of the mechanical properties of Mytilid byssal threads[J]. The Journal of Experimental Biology,2009,212: 1442-1448.

[51] HARRINGTON M J, WAITE J H. Holdfast heroics: comparing the molecular and mechanical properties of Mytilus californianus byssal threads[J]. J. Exp. Biol,2007,210: 4307-4318.

[52] PEARCE T, LABARBERA M. Biomechanics of byssal threads outside the Mytilidae: Atrina rigida and Ctenoides mitis[J]. J. Exp. Biol,2009,212: 1449-1454.

[53] TEMCHAROEN P . Malacological survey in the Sirikit Reservoir,the largest earthfilled dam in Thailand[J]. Southeast Asian J Trop Med Public Health,1992,23: 332-335.

[54] URYU Y,IWASAKI K,HINOUE M. Laboratory experiments on behaviour and movement of a freshwater mussel,Limnoperna fortunei (Dunker) [J]. J Molluscan Stud,1996,62:327-341.

[55] ALEXANDER Y KARATAYEV, DIANNAK PADILLA, DAN MINCHIN, et al. Changes in Changes in global economies and

trade：the potential spread of exotic freshwater bivalves[J]. Biol Invasions，2007，9：161-180.

[56]　YASUMOTO M，YOSHIHIKO M，YOSHINORI G，et al. Invasion of the non－indigenous nuisance mussel，Limnoperna fortunei，into water supply facilities in Japan[J]. Journal of Water Supply：Research and Technology—AQUA，2001，50（3）：113-124.

[57]　吴锡圭，蔡奇立，林旭宏. 入侵台湾的河壳菜蛤[J]. 自然保育月刊（台湾），2003，41：12-17.

[58]　ALEXANDER KARATAYEV. Significant ecosystem of the swiftly [J]. Hydrobiologia，2010（2）：56-58.

[59]　FRANCISCO SYLVESTER，DEMETRIO BOLTOVSKOY. Fast response of freshwater consumers to a new trophic resource：Predation on the recently introduced Asian bivalve Limnoperna fortunei in the lower Paraná river，South America[J]. Austral Ecology，2007，32：403-415.

[60]　ALICE M. Invasion by Limnoperna fortunei of the pantanal wetland[J]. Biological Invasions，2008，6：42-43.

[61]　ERNESTO BRUGNOLI，JUAN CLEMENTE，LUCíA BOCCARDI，ANA BORTHAGARAY，FABRIZIO SCARABINO. Golden mussel Limnoperna fortunei（Bivalvia：Mytilidae）distribution in the main hydrographical basins of Uruguay：update and predictions[J]. Annals of the Brazilian Academy of Sciences，2005，77（2）：235-244.

[62] VALESKA CONTARDO JARA, LUCAS N GALANTI. Biotransformation and antioxidant enzymes of Limnoperna fortunei detectsite impact in watercourses of Córdoba, Argentina[J]. Ecotoxicology and Environmental Safety, 2009, 72: 1871-1880.

[63] 李代茂. 淡水壳菜对输水建筑物输水能力的影响研究[J]. 中国给水排水, 2009, 35: 94-96.

[64] 关芳, 张锡辉. 原水输送涵管中贝类代谢特性研究[J]. 中国给水排水, 2005, 31(11): 23-26.

[65] 舒凤月, 吴小平. 淡水壳菜对鄱阳湖区双壳类的感染状况调查[J]. 国土与自然资源研究, 2005, 01: 82-83.

[66] 管运涛, 赵婉婉. 给水系统附生生物膜发育的生物量和种群结构[J]. 清华大学学报(自然科学版), 2007, 27(6): 818-821.

[67] MORTON B. The colonization of Hong Kong's raw water supply system byLimnopema fortunei(Dunker, 1857)(Bivalvia, Mytilacea) from China[J]. Malacologia Review, 1975, 8: 91-105.

[68] 陈颖, 陈荣. 四溴双酚 A(TBBPA)对翡翠贻贝(Perna viridis)的亚慢性毒性效应[D]. 厦门: 厦门大学, 2007.

[69] BELAICH MARIANO, OLIVER CRISTIAN, PILLOFF MARCELA, et al. Evaluation of a biomarker of Cd(II) exposure on Limnoperna fortunei[J]. Environmental Pollution, 2006, 144: 280-288.

[70] 张少娜, 孙耀, 宋云利, 等. 紫贻贝(Mytilus edulis)对 4 种重

金属的生物富集动力学特性研究[J]. 海洋与湖沼,2004,35(5):438-445.

[71] LZABEL VIANNA VILLELA. Assessment of environmental stress by the micronucleus and comet assays on Limnoperna fortunei exposed to Guaíba hydrographic region samples (Brazil) under laboratory conditions[J]. Mutation Research,2007,628:76-86.

[72] J H LIU,C S W KUEH. Biomonitoring of heavy metals and trace organics using the intertidal mussel Perna viridis in Hong Kong coastal waters[J]. Marine Pollution Bulletin. 2005,8-12 (51):857-875.

[73] 宋成庆,周传光,孙永祥. 用于海洋环境生物监测的双壳类生理监测传感器[J]. 海洋技术,1992,11(2):8.

[74] HEBERT P D. Demography and ecological impacts of invading mollusk Dreissena polymorha[J]. Can. J. Zool,1991,69:405-409.

[75] DEMETRIO BOLTOVSKOY,et al. Environmental modulation of reproductive activity of the invasive mussel Limnoperna fortunei: implications for antifouling strategiesaec[J]. Austral Ecology,2009,34:719-730.

[76] DEMETRIO BOLTOVSKOY,NANCY CORREA,DANIEL CATALDO,FRANCISCO SYLVESTER. Dispersion and ecological impact of the invasive freshwater bivalve Limnoperna fortunei in the Rio de la Plata watershed and beyond[J]. Biological Invasions,2006,8:947-963.

[77] 孙萍,孙咏红,王艳云.海洋污损生物防除技术研究[J].大连铁道学院学报,2000,21(4):94.

[78] 李名进,苏学敏.长距离输水管涵贝类生长成因分析及防除对策[J].人民珠江,2007(3):29-31.

[79] MACISAAC H J. Size selective predation on zebra mussels (Dreissena polymorpha) by crayfish (Orconectes propinquus) [J]. Journal of the North American Benthological Society, 1994,13:206-216.

[80] ESTEBAN M PAOLUCCI, DANIEL H CATALDO, CARLOS M FUENTES, et al. Larvae of the invasive species Limnoperna fortunei(Bivalvia) in the diet of fish larvae in the Paraná River, Argentina[J]. Hydrobiologia,2007,589:219-233.

[81] MARTIN G W, CORKUM L D. Predation of zebra mussels by crayfish[J]. Can. J. Zool,1994,72: 1867-1871.

[82] 娄康后,刘健. 贻贝堵塞管道的防除研究[J]. 海洋与湖沼,1958,1(3): 316-324.

[83] DARRIGRAN G A,MARONAS M E,COLAUTTI D C,et al. Air exposure as a control mechanism for the golden mussel, Limnoperna fortunei,(Bivalvia:Mytilidae). Journal of Freshwater Ecology,2004,19(3):1-9.

[84] 向元龙. 发电厂供水系统中贝类的危害及其防治[J]. 华北电力技术,1985,4: 24-27.

[85] MCENNULTY F R,BAX N J,SCHAFFELKE B,et al. A review of rapid response options for the control of ABWMAC lis-

ted introduced marine pest species and related taxa in Australian waters. Centre for research on introduced marine pests [R]. Technical report No. 23. Csiro marine research, Hobart, 2001.

[86] IWASAKI K . Behavior and tolerance to aerial exposure of a freshwater mussel, Limnoperna fortunei[J]. Venus, 1977, 56: 15-25.

[87] 莫顿. 香港未经净化的食用水管道中附着淡水壳菜的生殖周期[J]. 海洋与湖沼, 1982, 13(4): 312-319.

[88] YAMADA Y, KURITA K, KAWAUCHI N . Countermeasures for Limnoperna fortunei in Isojima Intake facilities[C]//Proceedings of the 24th Conference of Construction Technology, Osaka, Japan Water Works Association, 1997: 230-234.

[89] FUSHOKU B, BUMON I . Adhesion mechanism of marine sessile animals and anti – fouling counter measure[J]. Nippon Zairyo Gakkai, 1999, 213: 44-53.

[90] DARRIGRAN G, DAMBORENEA C . Concentraciones letales de un biocida para adultos del molusco invasor Limnoperna fortunei (Mytilidae) [C]//ACTAS Seminario Internacional sobre Gestión Ambiental e Hidroelectricidad, Complejo Hidroeléctrico de Salto Grande, 2001: 119-123.

[91] MUSCHAMP J W, FONG P P . Effects of the serotonin receptor ligand methiothepin on reproductive behavior of the freshwater snail biomphalaria glabrata: reduction of egg laying and

induction of penile erection[J]. Journal of Experimental Zoology,2001,289: 202-207.

[92] PAOLUCCI E M,CATALDO D,THUESEN E,et al. Impact of the planktonic larvae of the invasive Asian bivalve Limnoperna fortunei on the growth of larvae of the "Sábalo", Prochilodus lineatus (Pisces) in South America [C] //The15th International Conference on Aquatic Invasive Species. ICAIS,2007.

[93] 徐梦珍. 底栖动物淡水壳菜对输水通道的入侵及防治试验研究[D]. 北京:清华大学,2012.

[94] BRUESEWITZ D A, TANK J L, BERNOT M J. Delineating the effects of Zebra Mussels (Dreissena polymorpha) on Ntransformation rates using laboratory mesocosms[J]. Journal of the North American Benthological Society,2008,27: 236-251.

[95] PETTITT M, HENRY S, CALLOW J, et al. Activity of commercial enzymes on settlement and adhesion of cypris larvae of the barnacle Balanus amphitrite,spores of the green alga Ulva linza,and the diatom Navicula perminuta [J]. Biofouling, 2004,20(6): 299-311.

[96] 闫肃. 谈高锰酸钾在给水处理中的应用[J]. 山西建筑, 2013,23(39): 97-98.

[97] WHITE W R. Effect of low – level chlorinati on onmussels at Poole power station[R]. Central Electricity Research Laboratories,Leatherhead,Surry,1966:1-5.

[98] KHALANSKI M,BORDET F. Effects of chlorination on marine

mussels[J]. Water Chlorination Chemitry environment impacts and health effects, 1998,3:557-567.

[99] MASILAMONI G,JESUDOSSA S,NANDAKUMARB K,et al. Lethal and sub – lethal effects of chlorination on green mussel Perna viridis in the context of biofouling control in a power plant cooling water system [J]. Marine Environmental Research,2002,53: 65-76.

[100] RAJAGOPAL S, VANDERVELDE G, JENNER H A. Biology and control of backish water mussel, Mytilopsis leucophaeta in the velsen and Hemweg power stations, The Netherlands [J]. Part I. Biology and behavioural response. Report, 1995(64211 – KEs):95-109.

[101] RAJAGOPAL S, NAIR K, VANDER VELDE G, et al. Response of mussel Brachidontes striatulus to chlorination: an experimental study[J]. Aquatic Toxicology,1997,39(2): 135-149.

[102] RAJAGOPAL S,SASIKUMAR N,AZARIAH J, et al. Some observations on biofouling in the cooling water conduits of a coastal powerplant[J]. Biofouling,1991,3: 311-324.

[103] LEWIS B G. Mussel control and chlorination[R]. Central Electricity Research Laboratories, Leatherhead, Surrey, 1985: 1-33.

[104] MASILAMONI G,JESUDOSSA K S,NANDAKUMARB K,et al. Lethal and sub – lethal effects of chlorination on green

mussel Pernaviridis in the Context of biofouling controlina powerplant cooling water system[J]. Marine Environmental Research,2002,53: 65-76.

[105] JENNER H A,JANSSEN P M. Monitoring and control of Dreissena polymorpha and other macrofouling bivalves in the Netherlands[M]. Zebra Mussels: Biology,Impacts and Control. London: Lewis Publishers,1993:537-554.

[106] RAJAGOPAL S,VENUGOPALAN V P,VANDER VELDE G, et al. Tolerance of five species of tropical marine mussels to continuous chlorination [J]. Marine Environmental Research,2003,55(4): 277-291.

[107] JENNER H A,WHITE HOUSE J W,TAYLOR C J L,et al. Cooling water management in European power stations biology and control of fouling [J]. Hydroecologie Appliquee Tome,1998,10(1): 1-225.

[108] JENNER H A. Chlorine minimization in macrofouling control in the Netherlands[M]//JOLLY R L,BULL R J,DAVIES W P,et al. Eds. Proceedings of the fifth conference on water chlorination: chemistry, environmental impact and health effects. Michigan: Lewis Publishers Inc. ,1985:1425-1433.

[109] VAN BENSCHOTEN J E,JENSEN J N,LEWIS D,et al. Chemical oxidants for controlling zebra mussels (Dreissenapolymorpha): a synthesis of recent laboratory and field studies[J]. Zebra Mussels: Biology, Impacts and Control.

London：Lewis Publishers，1993：599-619.

[110] JAMES W G. Mussel fouling and use of exomotive chlorination[J]. Chemistry and Industry，1967，24：994-996.

[111] RAJAGOPAL S，VENUGOPALAN V P，NAIR K V K，et al. Response of green mussel，Perna viridis（L.）to chlorine in the context of power Plant biofouling control[J]. Marine and Fresh water Behaviour and Physiology，1995，25：261-274.

[112] RAJAGOPAL S，VANDER GAAG M，VANDER VELDE G，et al. Control of Brackish Water Fouling Mussel，Mytilopsis leucophaeata（Conrad），With Sodium Hypochlorite[J]. Archives of environmental contamination and toxicology，2002，43：296-300.

[113] 曾江宁，陈全震，郑平，等. 余氯对水生生物的影响[J]. 生态学报，2005，10（25）：2717-2724.

[114] RAJAGOPAL S，SASIKUMAR N，AZARIAH J，et al. Some observations on biofouling in the cooling water conduits of a coastal powe rplant[J]. Biofouling，1991，3：311-324.

[115] MARTIN I D，MACKIE G L，BAKER M A. Control of the biofouling mollusk，Dreissena polymorpha（Bivalvia：Dreissenidae），with sodium Hypochlorite and with poly quaternary ammonia and benzothiazole compounds[J]. Archives of Environmental Contamination and Toxicology，1993，24：381-388.

[116] VAN BEN SCHOTEN J E，JENSEN J N，HARRINGTON D

K,et al. Zebramussel mortality with chlorine[J]. Journal-American Water Works Association, 1995,87(5):101-108.

[117] RAJAGOPAL S,NAIR K V,AZARIAH J,et al. Chlorination and mussel control in the cooling conduits of a tropical coastal power station[J]. Mar Environ Res,1996,41(2):201-221.

[118] CLAUDI R. MACKIE G L. Practical Manual for Zebra Mussel Monitoring and Control[M]. Florida:CRC Press. 1994.

[119] JENNER H A,WHITEHOUSE J W,TAYLOR C J L,et al. Cooling Water Management in European Power Stmions:Biology and Control of fouling[J]. Hydroecologie appliquee, 1998, 10: 1-225.

[120] RAJAGOPAL S,VAN DER VELDE G,VAN DER GAAG M, et al. How effective is intermittent chlorination to control adult mussel fouling in cooling water systems[J]. Water Res, 2003,37(2): 329-338.

[121] KOUSAKU O,KENGO J,AYAKO N,et al. Sythesis and surface chemical properties of adhesive protein of 1he Asian freshwater mussel[J]. Limnoperna fortunei Macromol Biosci, 2001,1(9):376-386.

[122] 罗凤明,刘丽君,尤作亮,等. 原水管道中淡水壳菜足丝的溶解性能研究[J]. 中国给水排水,2006,32(3):29-33.

[123] ZOGO D,BAWA L M. Influence of pre – oxidation with potassium permanganate on the efficiency of iron and manga-

nese removal from surface water by coagulation - flocculation using aluminium sulphate：Case of the Okpara dam in the Republic of Benin［J］. Journal of Environmental Chemistry and Ecotoxicology,2011,3(1):1-8.

［124］ ZHAO XIA,ZHANG JIANQIANG. The Feasibility Research With Potassium Permanganate To Preoxidize In Light Pollu-ted Yellow River Water［J］. International Conference on En-ergy and Environment Technology,2009,27: 856-858.

［125］ 王伟平,张璐,徐慧. 高锰酸钾与二氧化氯预氧化除藻试验研究［J］. 净水技术,2006,25(2): 41-42.

［126］ YOSHIHIKO MATSUI,KEIJI NAGAYA,et al. Effectiveness of Antifouling Coatings and Water Flow in Controlling At-tachment of the Nuisance Mussel Limnoperna fortunei［J］. Biofouling,2002,18 (2):137-148.

［127］ 周舒月,张玉先. 二氧化氯预氧化处理微污染水源及影响因素研究［J］. 中国给水排水,2008,34(5): 150-153.

［128］ 李宝东,刘冬梅,林涛. 饮用水处理过程中的化学氧化技术［J］. 哈尔滨商业大学学报(自然科学版),2004,20(2): 199-202.

［129］ GABOR MERéNYI,JOHAN LIND. Reaction of Ozone with Hydrogen Peroxide (Peroxone Process): A Revision of Cur-rent Mechanistic Concepts Based on Thermokinetic and Quantum - Chemical Considerations ［J］. Environ. Sci. Technol,2010,44: 3505-3507.

[130] 李星,杨艳玲,刘锐平,等.高锰酸钾净水的氧化副产物研究[J].环境科学学报,2004,24(1):56-59.

[131] 杨艳玲,李星.高锰酸钾与氯胺联合预氧化强化低温低浊水处理[J].安全与环境学报,2007,7(5):57-59.

[132] 何涛,鄂学礼,王红伟,等.二氧化氯水消毒副产物的生成规律及其影响因素研究[J].环境与健康杂志,2008,25(2):101-103.

[133] MARK J. NIEUWENHUIJSEN, DAVID MARTINEZ. Chlorination Disinfection By – Products in Drinking Water and Congenital Anomalies: Review and Meta – Analyses[J]. Environ Health Perspect,2009,117(10):1486-1493.

[134] 汪义强,李云放,易利翔.二氧化氯与次氯酸钠联用降低亚氯酸盐生成量应用研究[J].中国给水排水,2010,36(6):21-25.

[135] 汪雪姣.氯胺消毒特性及其副产物的生成研究[D].上海:同济大学,2008,114-115.

[136] 童俊,臧道德.饮用水中消毒剂及无机消毒副产物[J].城市给水,2003,17(1):17-19.

[137] 胡文华,吴慧芳,孙士权.过氧化氢预氧化去除受污染地下水中铁、锰的试验研究[J].水处理技术,2011,37(1):73-75.

[138] ZHUO CHEN, RICHARD L, VALENTINE. Modeling the formation of N – nitrosodimethylamine（NDMA）from the reaction of natural organic matter（NOM）with monochlora-

mine[J]. Environ. Sci. Technol,2006,40: 7290-7297.

[139] STUART W,KRASNER. Occurrence of a new generation of disinfection byproducts[J]. Environ. Sci. Technol,2006, 40:7175-7185.

[140] 焦中志,陈忠林,陈杰,等.氯胺消毒对消毒副产物的控制研究[J].哈尔滨工业大学学报,2005,37(11): 1486-1488.

[141] 张永吉,周玲玲,李伟英.氯胺消毒给水管网中的硝化作用及其控制[J].中国给水排水,2008.24(2): 6-9.

[142] 周克钊.饮用水过氧化氢预氧化生产性试验[J].中国给水排水,2003,29(2):19-23.

[143] 谢海英.成都市自来水六厂氯胺消毒运行方式研究[D].重庆:重庆大学,2003,32-35.

[144] 刘丽君,尤作亮,罗凤明,等.封闭缺氧法杀灭和去除管道中的淡水壳菜研究[J].中国给水排水,2006,3(22): 40-44.

名词索引

名词索引